THINK
AND
GROW RICH

思考致富

品墨 编著

中国商业出版社

图书在版编目(CIP)数据

思考致富 / 品墨编著. -- 北京 : 中国商业出版社,
2021.2(2021.8 重印)

ISBN 978-7-5208-1501-7

Ⅰ. ①思… Ⅱ. ①品… Ⅲ. ①财务管理-通俗读物
Ⅳ. ①TS976.15-49

中国版本图书馆 CIP 数据核字(2020)第 254367 号

责任编辑：谭怀洲　王彦

中国商业出版社出版发行

010-63180647　www.c-cbook.com

(100053　北京广安门内报国寺 1 号)

新华书店经销

三河市众誉天成印务有限公司

* * * * *

880 毫米×1230 毫米　32 开　6 印张　136 千字

2021 年 2 月第 1 版　2021 年 8 月第 2 次印刷

定价：36.00 元

* * * * *

(如有印装质量问题可更换)

前　言

积极思考是一种深思熟虑的过程，也是一种主观的选择，更是一种积极进取的标志。

有一句大家熟悉的谚语："一天的思考，胜过一周的蛮干。"积极思考是一种思维模式，它使我们在面临弱势的情形时仍能寻求最好的、最有利的结果。换句话说，在追求某种目标时，即使举步维艰，仍有所指望。事实也证明，当你往好的一面想时，你便有可能获得成大事的能力。

为什么积极的思考会产生如此大的力量呢？其实，积极的思考并不能无中生有，比如：给失业者变出一个工作；它的力量，是可以使人在思考中让一切变得都有迹可循，从而做出正确的选择，最终走向成功。

积极思考指的是，在看待事物时，应考虑生活中既有好的一面，也有坏的一面，但强调好的方面，就会容易产生良好的愿望与结果。当你朝好的方面想时，好运往往便会来到。积极思考是一种对任何人、情况或环境所把持的正确、诚恳而且具有建设性的人生态度，同时也符合积极进取的思想、行为或反应。

积极思考允许你扩展你的愿望，并克服所有消极思考。

它给你实现自己欲望的精神力量、感情和信心。

有人说，思考力对于艺术家、音乐家和诗人大有用处，但在实际生活中，它的位置并没有那样的显赫。但事实告诉我们：人类各个行业的卓越人士都是超级思考者。

尤其对创造财富来说，能否积极思考更是关键因素。那些能够创造巨额财富的人都善于思考，无论他们曾经多么苦难不幸、穷困潦倒，他们都不屈从命运，始终相信好的日子就在后面。商店里的学徒，可以幻想着自己开店铺；工厂里的女工，可以幻想着建立自己的银行；一个立志想成大事的出身普通家族的人，幻想着成为金融王国的领导者……

“思考能够拯救一个人的命运。”这句话来自于拿破仑。当你处于消极状态时，请记住，用思考转换感觉，调整方向，是自我慰藉的唯一方法。一个人如果能靠积极的思考征服消极心态，对他的个人成长将是大有益处的。

希望本书能帮助你认识到积极思考的力量，在通往财富自由的道路上顺利前行。

2020 年 9 月

目 录

第一篇 财富密码

第二篇　寻找财富

第三篇　选择财富

第一篇　财富密码

第一章　靠/欲/望/致/富

破釜沉舟的人

5 年的时间，巴尼斯在苦苦寻觅等待的机会出现后终于脱颖而出。在那些苦苦等待的时间中，没有任何迹象表明他的愿望会实现，除了他本人以外，每个人都认为他只不过是爱迪生企业结构中一个不起眼的角色罢了。但巴尼斯可不这么想，从他开始在此工作的第一天起，他便认为自己是爱迪生的事业伙伴。

这个不平凡的例子证明了坚定明确的意愿具有无穷的力量。巴尼斯完成了他的目标，因为他别无所求，一心一意只想成为爱迪生的事业伙伴。他拟订一套完整的计划，并按计划施行，最终达到目标。同时，他还破釜沉舟，切断一切退路。支撑他的就只是心中的信念，直到这股成功的欲望成为引导他的生命之舵，并且最终成为现实。

当他抵达橘市时，他不是对自己说："我将尽力说服爱迪生随便给我个工作。"而是告诉自己："我要见爱迪生，并让他知道，我是来和他一起经营事业的。"

他没有说：“我先试着在那儿工作几个月，如果没有进展，我就辞职去别处找工作。”而是说：“我可以从任何地方开始。在我成功之前，我可以做爱迪生交给我的任何工作。”

他没有说：“我还要留意其他机会，以防我无法在爱迪生机构中得到我想要的。”而是说：“我这辈子只有一个心愿，就是成为托马斯·爱迪生的事业伙伴。我愿破釜沉舟，断绝一切退路，用我的未来做赌注，去争取我所要的。”

他不给自己留半点退路。他必须成功，否则就是死路一条。

巴尼斯就是靠这点成功的。

很久以前，由于形势紧迫，一位将军必须做出抉择，结果大获全胜，那么他到底是怎么做的呢？当时，他率领士兵对抗极强悍的敌人，而且对方人数远超过他们。可是他一点儿也没有畏惧，他命令士兵上船，驶向敌国，到达后卸下士兵和装备，即下令烧毁这些船只。第一场战役前，他对士兵说：“你们都看到了，船已付之一炬，只有获胜，我们才能活着离开。现在，我们别无选择——不是胜利，便是灭亡。”

结果，他们胜了。

任何想成功的人，都必须要有破釜沉舟的决心，斩断后路。唯有如此，才能确保那种渴望胜利的炽烈欲望。而那正是保证成功的根本要素。

财富的驱策力

"芝加哥大火"发生后的第二天上午，一群商人站在斯代特大街上，看到自己的商店变成了残垣废墟。他们开会讨论是重建还是离开芝加哥到其他更具潜力之处另起炉灶。后来，他们一致决定离开芝加哥，除了一个人。

决定留下重建的商人指着自己商店的瓦砾碎片说："各位，不论还有多少次像这样悲惨的可能，我都要在这里盖起全世界最大的商店。"

事隔 50 年，这个人做到了。而且直到今天，那座大楼还在那里，像一座高耸的纪念碑，象征着炽烈坚毅的心灵力量。马歇尔·菲尔德当时当然也可以有其他选择，就像他的商人朋友们所做的选择一样，当路途崎岖难行，前途渺茫，他们便抽身而退，选择一条看起来似乎较为好走的路。而当时只有马歇尔·菲尔德选择了这条崎岖难行的路，但也只有他成功了。

好好记住马歇尔·菲尔德和其他商人之间的差异，因为，正是这种差异造成了马歇尔·菲尔德与其他年轻人的区别，也形成了成功者与失败者的区别。

一旦了解到金钱的作用，谁都会祈愿拥有它，但光“祈祷”是不会带来财富的，关键是要把对财富的“欲望”变成“唯一的信念”，然后制订出追求财富的明确方案与计划，并且以绝不认输的毅力来实施那些计划，如此一来，便会带来财富。

欲望变黄金的六个步骤

把对财富的欲望转化为实际的财富，包含六个明确而实际的步骤：

第一，想好自己渴望拥有多少财富。只说“我想要有足够的钱”是不够的，数目要明确（这种明确性有其心理学的道理，后面的章节里会有所涉及）。

第二，想清楚得到这些财富必须付出的代价（天下可没有“免费的午餐”）。

第三，设定你决心赚到这笔财富的明确日期。

第四，拟订达成目标所需的明确计划，并立即付诸行动。

第五，用纸笔记录下以上四点。

第六，每天大声朗读此计划两次，睡前一次，起床后一次。朗读时，试着让自己看到、感觉到，并相信已拥有这笔金钱。

无论如何，你必须确实遵循以上六个步骤，尤其是第六个步骤。你也许会抱怨，因为在你并未实际得到这笔财富之前，你不可能预见自己成功后会享有这笔财富，此时就要有炽烈的欲望来激励你。如果你真的十分强烈地渴望变得富有，你需要将你的这种欲望演变为坚定不移的意念，你便毫不怀疑地深信自己会得到它。你的目标是要得到这笔财富，你必须强化自己的决心，这就会使你自己“相信”你一定会得到它。

你能想象自己是百万富翁吗

对于未入门者，即未学得人类心灵活动原理的人，可能觉得这个标题不切实际。不过，那些认为前文六个步骤并非完全正确的人，如果知道这些步骤中所传达的讯息出自安德鲁·卡内基的话，可能会重新考虑接受它们。因为卡内基起初只是钢铁公司的一名普通工人，尽管当时他出身低微，但他仍努力设法运用这些原则，为自己赚了超过亿万美元的财富。

此处所提的六个步骤，都是托马斯·爱迪生仔细查验过的，他确信它们不只是累积财富所需的步骤，达成任何目标都需要这样的步骤。

这些步骤不需要你去怎样辛劳地工作，也不需要你做出任何牺牲，更不要求人们变得荒谬不实或是过度轻信。它们并不深奥，但成功地运用这六个步骤必须要有丰富的想象力。但这种想象力并不是指那些只希望靠机会、缘分和运气就能成功的幻想。我们必须知道，所有累积巨额财富的人，在获得财富以前，都一定有自己的梦想、欲望和计划。

此外，你还要知道，除非你对财富有强烈的“欲望”，并且真的“相信”自己会拥有它，否则你绝对不可能拥有巨额财富。

第二章　靠/信/心/致/富

信心对我们的影响

自我暗示有助于我们将愿望转化为财富。而这种自我暗示其实就是信心。信心是一种心理状态，它可以借不断肯定的潜意识或反复提示而产生，亦即通过自我暗示而产生或创造自信心。

举例来说，想想你读此书可能的目的。你无非就是想寻找实现梦想的方法。遵循写在“自我暗示”和“潜意识”各章所摘要的步骤去做，你便能使自己深信自己将会获得所求的一切，同样地，你的潜意识也会回传给你一股“信心”，帮助你实现愿望。

很难描述如何培养人的信心，因为这就像给一个从来没看过颜色的盲人描述红色一样，描述时没有参照物。信心是一种心理状态，你熟悉本书所述的13项原则后，便可依自己的意志去产生它，因为它就是通过运用这些原则，随意志而产生的一种心理状态。

不断地向潜意识发出肯定的信号，是促使信心情绪自发形成的极好方式。

同样的道理，如果不断地向潜意识传送信号，它们最终便会被接受，并由潜意识做出回应，进而以最实际可行的步骤，去实现愿望。

有关这点，请再想想这句话，所有情感化的（被赋予感觉的）意念，如果有信心的支持，将立即转化为与之对等的物质报酬。

意念中的情感或“感觉”的部分，能赋予意念活力和生命，并使我们为之付诸行动。带有意念冲动的信心、爱和性，将比任何单一的情绪更具有行动力。

凡是融合了任何积极正面的或消极负面的情绪的意念，都会到达并影响我们的潜意识。

没人“注定”一生倒霉

有这样一个假设，如果消极负面的情绪不断被传送至潜意识，潜意识会回应做出消极的行为。这点足以解释数百万人经历的所谓“不幸”或“倒霉”的各种情况。

有数百万人相信自己“注定”贫穷失败，而且他们自己无法控制。其实不幸是他们自己创造的，因为他们具有消极、负面的信念，当它传至潜意识时，就会相应地去影响实践。

因此，我们再三强调，如果你不断将任何你希望能转化为实物或财富的欲望传达至潜意识的话，你便终能获益，因为处在那种期望或深信的状态下，你真的会产生变化。信念或信心促使潜意识采取行动。当你通过自我暗示下达命令时，没有任何东西能妨碍你“说服”自己的潜意识。

要使这种“说服”更真实，在你叩响潜意识之门时，不妨表现得仿佛你已拥有梦寐以求的实质物品一样。

有信心时下达的任何命令，潜意识都会以最直接且切实可行的方式来执行这项命令，使其向实质的对等物转化。

当然，我已说了许多，为了使你做好心理准备，可以开始通过亲身体验或行动，去获得将信心与任何传至潜意识的指令相融合的能力。所谓熟能生巧，指的是你必须在实践中操作，光靠阅读这些步骤是达不到效果的。

由积极正面情绪主导的心灵，有利于信心的产生，以此种方式主导的心灵，可随意对潜意识下达命令，潜意识会立即接受并采取行动。

自我暗示引发信心

一直以来，人们都认为要对任何事都“有信心”，但如何才能建立信心？“信心”其实是一种可以经由自我暗示引发出来的心理状态。

我们将用通俗易懂的文字，叙述有关此项原则，希望能帮助缺乏信心者产生信心。

- 相信自己，信任永恒。
- 开始任何事之前，提醒自己一次：信心是一剂“永恒的特效药”，它为意念冲动注入生命、力量和行动。

信心是聚积财富的起点；信心是所有“奇迹”以及科学难以解释的一切神秘事物的基础；信心是治疗失败的唯一良药；信心是一种元素，一种“化学成分”，当它与冥想融合时，能使人产生无穷的智慧；信心是一种要素，能将人类有限心灵所创造的平凡意念转化为对等的精神力量；信心也是一种媒介，只有通过它，人们才能掌握并利用智慧的力量；这些并不是空话套话，当你真的这样有信心地去面对一切时，你会发现这真的很对。

自我暗示的奇迹

自我暗示能产生奇迹？是的，其原因就蕴含在自我暗示的原则中。在此，让我们聚焦自我暗示，去了解它究竟是什么以及它能给我们带来什么。

“三人成虎”的情况在生活中经常出现。当然，对个人而言，也同样存在这种情况：当你不断对自己重复一件事时，你便觉得那件事就是真的了。这其实是你自己有意灌输自己心中意念的结果。也就是说，当人的某种想法被不断鼓励时，它便会形成强大的推动力，并最终塑造人的行为举止。

下面论述的是一个非常重要的道理：

> 融合了任何情感的意念会形成一股“磁力”，吸引其他相似的意念。此类与情绪“相吸”的意念，可比喻为一粒种子，在肥沃土壤里萌芽、生长、不断繁衍，直到原来的小种子成为不计其数的同类种子。

人类心灵会不断吸引与其内心意念相协调的震波。任何存于心中的思想、观念、计划或目标，都会吸引相似的意念，并将这些“相关物”和本身力量合并、成长，直到成为控制并引发个人动机的主宰者。

现在，让我们回到起点，以便了解如何在心灵中种下意念的种子。其实这很简单，也就是通过“反复的思考”，任何观念、计划或目标皆可植根于心。这也就是为什么要你写明你的主要目的或确立首要目标的原因，这样可以使你能牢记它。当你日复一日地大声复述，直到这些声音传达至你的潜意识为止，你就确立目标。

我们希望自己成为什么，我们就会变成什么，这是思想意念的力量，它可以通过环境的刺激使我们获得并记住。

下定决心摒除环境的不良影响，重建你的人生秩序。列出心灵的资产与债务清单，你会发现你最大的弱点就是缺乏信心。通过自我暗示原则，可以克服残障之痛，也可以化怯懦为勇气。应用该原则的方法也十分简单，即将积极正面的意念冲动写下来，熟记，背诵，直到它们成为你心灵中潜意识的一部分。

第三章　靠自我暗示致富

使用自我暗示的方法

在“靠欲望致富”一章里，欲望变黄金的第六个步骤是让你每天大声将自己写的声明至少读两遍，读出你对财富的欲望，并且想象、感受自己财富在握的样子。遵循这些步骤，你便能信心十足，直接将所欲达成的目标传达至潜意识，再通过不断重复这些步骤，你就会自动产生将欲望转化为财富的意念习惯。

记住，在大声读你的“欲望”声明时（你正通过它培养出“财富意识”来），只是朗读那些字是没有结果的——除非你读时融入感情。你的潜意识只接受与情感或感觉融合较好的意念，并发挥作用。

自我暗示的确非常重要，因此在本章的每一节中都有提到。如果你缺乏对自我暗示作用的了解，那么你有可能会想到用自我暗示原则，却不能达到预期效果。

平淡、缺乏感情的字句无法影响潜意识，除非你学会将充满热情信仰的意念或文字注入自己的潜意识，否则，你便达不到预期效果。

第一次尝试时，若没有成功控制你的情绪，也别气馁。记住，天下没有免费的午餐。达成或影响潜意识的能力是需要付出代价的，而你必须付出这样的代价。你不能欺骗自己，即使你很想。获得影响潜意识的能力的代价就是持续地应用上面提到的原则。你不可能仅以微薄的代价便培养出你想获得的能力。必须由你自己决定，你所奋斗的回报（即财富意识）是否值得你为此付出代价。

只有智慧和“头脑灵活”并不能吸引和保持财富（几个特例除外），而这里描述的吸引财富的方法并不依靠平均率。同时，这个方法没有任何偏向，对任何人都有效。即使失败，也是个人的失败，而不是方法的失败。如果你尝试失败了，那么不要气馁，而是要不断努力，直到成功。

使用自我暗示原则的能力，大部分由你能否专注于已有的梦想决定。要想很好地运用自我暗示，就要坚持你的梦想，直至它成为唯一的炽烈信念。

如何强化专注力

当你开始进行第一章提到的六个步骤时，将有必要使用到“专注原则”。

我们在此提出一些有效利用专注力的建议。力行六个步骤中的第一项时，它教你“在心中定出所渴望的财富的明确数目”，这时，将意念集中在那个数目上，或闭上双眼以集中注意力，直到你“看到”那笔财富真正地出现。至少每天这样做一次。经过这些练习后，再按照“信心”一章的指示，便能看到自己真的拥有这些财富。

这里有一重要事实——潜意识会接受任何以绝对的信心态度所下达的指令，虽然这些指令在为潜意识接受以前，需经常要靠反复来传达给潜意识。遵循以上说法，可以考虑对潜意识耍个合理的“小把戏”，由于你对此深信不疑，你可以使潜意识相信，你一定要拥有你所看到的财富，相信这笔财富已等待你去认领。如此一来，潜意识自然会奉上具体实际的计划，供你去认领属于你的财富。

将上一段所提的意念传递给你的想象力，看看它能或者会做什么，然后制订实际计划，以通过转化信念来聚积财富。

不要等待明确的计划出现后，再打算通过提供服务或卖出商品来获得想象中的财富，而应看见自己拥有这些财富，同时要求、期望你的潜意识提出一项或多项计划。留意这些计划，它们一出现便应该行动。计划出现时，它们可能通过第六感，以“灵感”的形式“闪”入你的心。要重视它，并且接收到它时立即回应。做不到这点是很致命的。

六个步骤的第四步，教你“拟订达成目标所需的明确计划，并立即付诸行动”。你应该以上一段所说的态度来遵循这项指示。当你通过转化欲望，创造出积累财富的计划时，别相信你的“理智”。因为，理智是不完善的，同时你的理智解析功能或有怠惰的时候，如果你完全依靠它，可能会令你失望。

当看着渴望聚积的财富（闭着双眼）时，也试着看到自己所付出的代价，这是很重要的。

激励潜意识的三个步骤

你正在读书，说明你正渴望寻求知识。也说明你是这个思考致富项目的学生。如果你仅作为学生，你有机会学到很多你不知道的东西，但也可能只学会谦虚。若你只遵循这些指示中的一些而不顾别的，你也将失败。要获得满意的结果，你必须遵循所有指示。

现在，我们把第一章所提的六个步骤相关的内容，加以整理，再融入上面提到的原则：

第一，到一个安静无人的地方（最好是晚上躺在床上时），闭上双眼，大声朗诵你写的那份声明（这样才能听到自己的话），其中包括你想获取的财富数量、获取的时限以及为获取这笔财富你打算提供的服务或卖出的商品。实行这些步骤时，要能想到自己已坐拥这笔财富。

举例来说：假设你打算在 5 年后的 1 月 1 日前积累 5 万美元，并假设你打算通过做销售员来获取这笔钱。那么，你写的自我目标声明，应该是这样的：

在××××年1月1日前，我将拥有5万美元，在这期间，它将不断地来到。

为获得这笔财富，我愿竭尽所能提供有效服务，作为××（描述一下你的服务或要卖的商品）的销售员，为其创造最好的效益。

我相信我将拥有这笔财富。我很有信心获得它们，并且现在我就可以看到钱，手也可以触摸得到。只要我提供服务，它便会立刻转化为同等比例的利益给我。我在等待一个计划，一旦它出现，我将立刻行动。

第二，早晚重复此声明，直到你能看见（在想象中）你想拥有的财富。

第三，将一份书写的声明放在你早晚都能看得到的地方，并在睡前大声读出来，起床后也立刻读，直到记住为止。

记住，当你在按此步骤进行操作的时候，你就是在应用自我暗示的原则，它的目的在于下达指令给你的潜意识。同时，记住，潜意识只接受运用情感化或用“感情”传递的指示。而信心就是所有感情中最强烈且最具效果的一种。请充分利用你的信心，并使之成为现实。

刚开始，这些指示可能显得抽象，容易使人受到困扰，但不管一开始它们看起来有多抽象或多不切实际，都只要遵循步骤进行操作就对了。假如你不但在精神上，而且在行动上，都遵循步骤去做，那么一个全新的世界很快就会呈现在你的眼前。

心灵力量的秘诀

对所有新的观念抱着怀疑的态度是全人类的共性。但是，假如你遵循以上步骤，你的怀疑将被你的信念所取代，并且很快会转化为信心。那时你就已经达到了一种很高的境界，你便可以说："我能自己主宰命运，我是自己灵魂的舵手。"

人之所以能成为自己的主宰以及自己环境的主宰，是因为他具有影响自己潜意识的力量，并且能通过它与无穷的智慧合作，从而主宰自我。

你读的这里是理解哲学思想的基础，如果你想成功地将你的欲望转化为财富，你必须要理解本节所述的内容并坚持遵循步骤行动。

在将欲望转化为财富时，需要用到"自我暗示"。自我暗示是一种媒介，通过它可以触及并影响潜意识，而其他原则只不过是应用自我暗示的工具。如果你能随时记着它，你便能了解，在你通过书中所提示的方式努力积累财富的过程中，自我暗示原则是多么重要。

第四章　靠知识致富

富有的“无知”者

第一次世界大战期间，一份芝加哥报纸刊登了某些社论说亨利·福特是“无知的和平主义者”。福特先生知道后，对这种说法感到非常生气，并控告该报纸毁谤他。当在法庭上审判此案时，报社律师为了证明报社的言论是正确的，坚持让福特本人走上证人席，目的是想向陪审团证明福特的无知。律师问了福特许多问题，所有问题都旨在福特自身证实报社的言论所言非虚。虽然他可能有相当多关于汽车制造方面的知识，但对所有其他方面的知识，他显得很无知。

福特当时被问到的问题如下：

“谁是本尼迪克特·阿诺德”以及“1776 年，英国派遣多少士兵到美洲平息叛乱”。回答第二个问题时，福特先生说：“我不清楚英国派遣的士兵的准确数目，但我听说，去的数目要比回来的数目大多了。”

最后，福特对一连串无聊的问题感到不耐烦了，在回答一个相当具有攻击性的问题时，他身体前倾，用手指着发问的律师说："你的这些问题真的愚蠢透了，如果我真想回答，那么我告诉你，我只要按前面的这些电钮，我立刻能招来助理人员协助我，回答你任何想问的有关一切的愚蠢的问题。现在，你能否回答我，当我周围随时有人能为我提供我所需的任何知识时，我为什么要塞一堆普通知识在脑中呢？"

福特的这个回答的确充满逻辑和智慧。

那个回答也难倒了发问的律师。法庭上的人一致认为，能回答的人，绝非无知之人，而且他的见识过人。真正有学问的人知道从哪里获取知识，也知道如何把知识组织成明确的行动计划。通过"智囊团"的帮助，亨利·福特掌控了所有他需要的知识，创造了一番不平凡的事业。因此，他根本没有必要自己去掌握全部知识。

你能得到所需要的任何知识

拥有提供服务、商品或职业等方面的专业知识，是你将自己的能力和欲望转变为财富对等物的前提，只有这样你才能借以获取财富。或许你所需要的专业知识远超过你的能力或喜好，如果真是这样的话，你可借助于“智囊团”，以弥补自己的不足。

安德鲁·卡内基也曾坦言，就个人而言，他对钢铁技术方面的知识知道得并不是很多，同时，他也并不特别想知道这些。因为他认为他所需要的钢铁生产和销售的专业知识都可借“智囊团”获得，完全没必要自己去掌握。

积累财富需要有高度组织与睿智指导的专业知识，但是，真正成功积累财富的人，却不需要完全具备这类知识。

有些人本身并未受过必要的“教育”，没有足够的自身工作所需的专业知识，但他们却充满了发财致富的雄心壮志，对这类人来说，前面的这些文字一定对他们受益匪浅。也许有些人因没受过“教育”而感觉十分自卑，但其实，一个人若懂得组织且领导一个掌握积累财富专业知识的“智囊团”的话，他就能拥有同样的知识。如果你因为所受的学校教育有限，总是感觉自卑，那么记住这点对你而言非常重要。

托马斯·爱迪生一生也只接受了3个月的学校教育，但他不仅有知识，而且也没有死于贫困。

亨利·福特的受教育程度很低，连六年级都没读到，但他却凭借后来的努力，取得了斐然的成绩。

专业知识是人能获得的最丰富及廉价的服务，你有时并不需要自己全部掌握它们，因为有很多具备此条件的人能为你服务。

如何获取知识

首先，确定你所需的专业知识以及需要它的目的。你的人生目标、你努力不懈的方向，都有助于你决定你所需要的知识。然后，你需要了解这些知识来源的途径和方法。以下是一些重要来源：

（1）个人获得的经验和教育。

（2）可通过与他人（智囊团）的合作获取经验。

（3）就读的学校。

（4）公共图书馆（书籍和期刊中或经别人整理的知识）。

（5）特殊培训课程（尤其是夜校和函授学校）。

获得所需知识后，组织整理你所需要的部分，并且通过实际计划，应用它来达到你的目标。你除非将知识应用于有价值的目的，否则便徒劳无功。

如果你想进一步接受学校教育，先确定你寻求这些知识的目的，然后经由可靠来源寻找能获得这种特殊知识的方法，以便你在学校能更快地掌握它。

成功的各行业人士，他们都永不会停止汲取和其目标、生意或职业有关的专业知识。不成功的人通常存在一种错误观念，他们认为从学校毕业就代表不需要再学习新的知识了。事实上，学校教育只是教给你获取知识的方法而已。

在这个经济萧条且变幻莫测的世界，教育也急需变革。现在这个社会讲求的是“专业化”。在一则新闻报道中，罗伯特·莫尔（哥伦比亚大学就业辅导中心前主任）就特别强调这一点。

争相礼聘的专才

无论哪个公司都特别需要有某方面专才的人，例如，受过会计与统计学训练的商校毕业生、各类工程师、新闻记者、建筑师、化学家以及有领导能力和活动策划能力的人。

那些表现活跃且专业较好的学生，绝对胜过各方面都一般的读死书的书呆子。这些学生中，有一些因其能力全面，能同时获得数个工作机会。

人们通常认为成绩最优秀的学生能获得较好的工作或者比别人有更多的机会，但实际情况并不完全如此。莫尔先生说，大多数公司在看重学生学习成绩的同时还看他们的活动能力及个性。

一家大型工业公司的人事主管，在写给莫尔先生的信中，提到他对于较有前途的大学毕业生的了解：

“我们寻求的人才，主要是能在管理工作上有突出能力表现的人，相对其教育背景，我们更强调人格、智力与个性的特质，我们需要的不是书呆子。”

第五章　靠/想/象/力/致/富

两种想象力

按功能分类，想象力可分为两种，一种为“综合型想象力”，另一种则为“创造性想象力”。

综合型想象力是指将旧的观念、构想或计划，重整为新的组合。这项能力没有创造，它只是将所获取的经验、教育和观察作为材料加工整理。它是发明家最常使用的，但其中也有一些例外的“天才”，当综合型想象力无法解决其问题时，他们便会利用创造性想象力。

创造性想象力是指通过它，人类的有限心灵直接与无穷智慧连线。“预感”和“灵感”便由此而来。所有基本的或新的构想也是凭借这种能力产生的。

通过这种能力，人类可以接收到其他人心灵的意念震波。这种能力还可使一个人“进入”或联系别人的潜意识。

创造性想象力会自动发挥作用，下一节将讲述其具体作用方式。这种能力只有在意识高速运转的情况下才会发生作用，比如，当有“强烈欲望”时产生的情绪就会刺激意识。

创造能力发展的灵敏程度以及从上述资源接收别人的震波的能力，与利用它的次数正相关。这点意义重大。

遵循所有原则要记住，一个人如何将欲望转化为财富的整个过程不可能用三言两语来概括。只有掌握、吸收并开始应用所有这些原则时，才算是进入了这个过程。

商界、工业界和金融界的风云人物，以及艺术家、诗人和作家之所以能取得突出成就，是因为他们发挥了创造性想象力。

综合型想象力和创造性想象力，二者的灵敏程度都会因经常使用而逐渐得到培养，正如人体的肌肉与器官越用越发达一样。

欲望只是一种意念，一种冲动。它是模糊且短暂的。在转变为实质对等物以前，它是抽象的、没价值的。在将欲望转化为金钱的过程中，最常使用的是综合型想象力，但你必须记住一点，有些状况下也可能需要你运用创造性想象力。

训练一下想象力

你的想象力可能会因不常使用而衰退，但也会因经常使用而复苏并变得灵敏起来。想象力会因不常使用而衰退，但它并不会彻底消失。

当然，你必须首先训练你的综合型想象力，因为这是你要化欲望为财富的过程中最常用到的能力。

把无形的冲动和欲望转化为实质、具体的事实、财富，至少需要一个计划。这些计划必须依赖想象力才能制订出来，而且主要依靠综合型想象力。

看完此部分全部内容后，再回到这一章，请立刻开始运用想象力，至少制订一个计划，以便化欲望为财富。制订计划的详细方法与步骤，每一章几乎都有阐述。接着，你应即刻采取行动去实行最适合你的内容，并将计划写成文字。完成这点时，你模糊的欲望已有具体的形式了。将上述句子再读一遍，大声且缓慢地读出来，同时请牢记它们，在你将欲望声明和实行计划写成文字时，你实际上已迈出了第一步，这将最终使你能够化意念为实质的对等物。

导向财富的法则

你生活的世界、你本人和其他物质，都是进化的结果。在进化过程中，细微物质被井然有序地组织和安排。

另外一点非常重要，你身上的数十亿细胞以及组成所有物质的原子，每一个皆始于无形的能量。

欲望是一种意念冲动，意念冲动也是一种能量存在形式。当你开始有意念冲动、欲望，想去聚积财富时，你就在利用一种说不出的“物质”，该物质与大自然一起创造了地球及万物，包括使你的意念冲动发生作用的身体与头脑在内，所用物质都是一样的。

现在科学已经能够确定，整个宇宙只由两种元素构成——物质和能量。

能量和物质的结合创造了人类可感知的万物，包括星星及人类自己等各类生灵。

你现在所做的工作正是运用自然方法来造就自己。你正在尝试让自己适应自然法则，从而努力将欲望转化为实际的或财富对等物。你能做到！因为这不是没有先导的。

不变法则可帮助你创造财富。但，首先你必须熟悉这些法则并学会使用它们。我希望通过重复，以及由各个想象得到的角度来讲述这些原则，呈现给你获得巨额财富的秘诀。这个“秘诀”尽管看起来奇特且似是而非，但它完全可以被掌握。我们所居住的地球、天上的星座、视野中运转的行星、我们之外及我们周围的所有元素、每一片叶子以及举目所见的各种生命形式等都存在着“秘诀”，而大自然本身就是真理。

“秘诀”在自然界中以生物学的方式展示出来，例如，它用极其微小的细胞组成人类……将欲望转化为实际的对等物当然也不例外。

如果你无法完全理解上述内容也不要灰心。除非你有天赋，否则不要期望一开始读就能全部吸收它的内容。但我相信你迟早会有所进展。

接下来的原则将能拓展你对想象力的了解。首次接触该原理时，你只会明白你所了解的部分；然后，当你再次阅读且研究它时，你会发现你的思路更清晰了，并且能更全面地掌握它。最重要的是，在你阅读这些原则时，不要停顿或迟疑，直到你至少将此部分读过三遍以后，你自然就会停不下来了。

如何实际运用想象力

构想是所有财富的起点，同时也是想象力的生成物。让我们一起来审视一些带来巨额财富的知名构想，希望这些例子能给你一些启示，教会你如何使用想象力聚积财富。

1. 魔法茶壶

50 年前，一位乡村老医师驾着马车来到镇上。他悄悄从后门溜进药房，开始和年轻的药房伙计“交易”。

此举注定使后来许多人获得巨额财富，也注定为美国南方带来巨大益处。

老医师和伙计在配药柜台后面窃窃私语了一个多小时。接着，医师出去了，他走到马车处，拿着一把老式茶壶和一把木制大勺子回来了（为搅拌壶内的东西），并将它们置于柜台后面。

药房伙计检查过茶壶后，从口袋中拿出一卷钞票交给医师。那卷钞票足足有500美元——药房伙计的全部积蓄。

医师交给他一张字条，是一个秘方。纸上所写的文字价值连城，但对这位医师来说却分文不值。那些神奇的文字是用来使茶壶内的水沸腾的，但医师和年轻的伙计都不知道，壶里会有多少惊人的财富流出来。

老医师很满意地以500美元的价格出售了那套设备。这些钱足以偿还他的所有债务，并且给他以心灵自由。药店伙计则冒险将毕生积蓄押注在这一张小纸片和一把老茶壶上！他做梦也没有想到，他的这一冒险之举会使一把老茶壶生出黄金，其神奇的效果甚至能与阿拉丁神灯相比。

应该说，年轻伙计购买的其实只是个构想！老茶壶、木勺和纸上的秘密信息都是偶然的！茶壶新主人在秘方中加入了一种老医师全然不知的成分后，茶壶发生了神奇的作用。

仔细阅读这个故事，运用一下你的想象力。你能猜出年轻人究竟在那个秘方中添加了什么东西，而使黄金从茶壶中溢出来的吗？记住，你所读的不是《天方夜谭》里的故事，而是真实的故事，是始于“构想”的事实，虽然它们似乎比虚构的故事更神奇。

让我们看一下这个构想带来的巨大财富是什么。全世界都在利用茶壶内所装的东西赚钱，它过去很值钱，现在也如此。

现在，这把老茶壶是全世界最大的糖消费者之一，从而给那些从事甘蔗种植以及精制、产销它们的成千上万的普通工人提供了稳定的工作。

这把老茶壶每年消费数百万的玻璃瓶，也给许多玻璃工人提供了工作的机会。

老茶壶也给美国许多店员、速记员、广告撰稿者以及广告高手提供了工作机会。数十位艺术家创造出华美精致的图画来描绘产品的特性，所以老茶壶也让他们名利双收。

老茶壶使一个南方小城摇身一变而成为南部的商业之都，现在，该市的每位居民都直接或间接地受益其中。

现在，该构想的影响力使全世界各文明国家皆从中获利，它给接触它的人带来了源源不断的财富。

老茶壶的财富使一所学院成立，它现在是南部地区最卓越的学院之一，有数千位年轻学子在那里接受成功所必备的培训课程。

老茶壶还做过其他很多神奇的事情。在世界经济萧条时，数以千计的工厂、银行和商行关门、倒闭，但神奇茶壶的主人却发展良好，他给全世界无数人提供了持续的工作机会，并且给那些坚信这个构想的人创造了许多财富。

如果黄铜茶壶衍生的产品会说话，它一定会以各种语言说出很多它所经历的令人兴奋的浪漫故事，比如浪漫的爱情、传奇的生意以及每天受到激励的职场男女的精彩故事等。

你现在应该清楚了，神奇的茶壶流出来的是一种世界著名的饮料。同时，这种饮料也为人们的思考提供了不会中毒的“兴奋剂”，因而，在人们必须要做好工作时，这种饮料给人们的心灵带来了清爽的感觉。

无论你是谁，身在何处，从事什么工作，每当看到“可口可乐”时，请记住，这个财富庞大且影响力强大的帝国，其实只是来自一个简单的构想。还有，那个药房伙计——阿萨·坎德勒的秘方里的神奇成分，其实就是想象力。

停下来仔细想一下这个故事中的成功之道。

同时，也请记住，媒介在整个故事中发挥了巨大力量，通过它，可口可乐的影响力才能扩展到每个城市、乡镇、村落及世界各个角落。还要记得，任何你创造出来的、和可口可乐一样“正确而有价值”的构想，都有可能再次创造出这种不菲的成绩。

2. 假如我有 100 万美元

以下这个故事能够验证“有志者，事竟成”这个成语。

弗兰克·冈萨拉斯的事业是从南芝加哥的畜牧区开始的。冈萨拉斯先生读大学时，发现当时的教育制度存在很多缺陷，他相信如果自己是校长，一定可以把这些缺陷纠正过来。因此，他最想成为教育机构的负责人，这样年轻人就可以尝试“从实践中学习”的新模式。

于是他下定决心筹组一所新大学，这样他的理想便可实现，而不必受制于传统的教育方式。

要实行这个计划需要 100 万美元，他要到哪里去筹这笔钱呢？这个问题一直在他心头缠绕，困扰着这位雄心壮志的年轻牧师。

他似乎到了一筹莫展的境地。

每个夜晚，这个念头都随他入梦，早晨伴他清醒。无论走到哪里，这个念头都如影随形地跟着他。他不停地反复思索，后来将此确定为他心中的唯一“意念”。100 万美元是一大笔钱，他意识到这个事实，但他同时也意识到这样一个事实：我们唯一的障碍就是我们大脑中已经存在的那些。

身为学者兼牧师，和其他成功人士一样，冈萨拉斯先生承认，“明确的目标”是起步必要的出发点。他也承认，当支持着目标的是一股化目标为实质对等物的炽烈欲望时，明确的目标便会引发热情、生命与力量。

这些道理他都懂，但他就是不知道要如何取得这 100 万美元。一般人遇到这种情况，就自动放弃了，并且说：“啊，算了，我的构想虽好，但也没用，因为我永远也筹不到所需要的那 100 万美元。”这的确是大部分人会说的话，但冈萨拉斯博士却不这样说。他说的以及他所做的，意义如此深重，以下是他的原话：

一个星期六下午，我坐在房里，思考应该如何筹钱来实现计划。有近两年的时间，我都在想这个问题，然而除了想以外，我竟没有采取任何行动。

该采取行动了！

当时我下定决心，一定要在一周内获得所需的100万美元。我还不确定如何做。但重点是我有了要在一定时间内获得这笔钱的决心，而且，就在我下定决心要在一定时间内获得那笔钱的一刹那，一股强烈的信心袭上心头，那种感觉从未有过。我内心似乎有个声音在说："你怎么不早决定呢？那笔钱一直都在等着你啊！"

事情进展得很快。我给一家报社打电话，宣布我第二天要讲道，讲题是："如果我有100万美元，我会做什么？"

我立刻着手准备这场讲道，但我告诉你，这工作并不难，因为我已经为这场讲道准备了近两年的时间。支撑这场讲道的精神发自我身心的每一部分。

那晚，我早早地写完了讲道词，然后上床睡觉，因为我看到自己已拥有那100万美元了。

第二天早上，我很早就起来，在洗手间阅读讲道词，然后屈膝祈祷，希望这篇讲道词能引起一些人的注意，使他愿意提供这笔钱。

当我祈祷时，我再一次产生这笔钱一定会出现的信心。我兴奋地走出来，却忘了带讲道词，直到我站在讲坛上马上要开始讲道时，才发现这件悲惨的事。

当时要回去拿显然已经不可能了，然而这恰恰也成了一件幸事！在没有讲道词的情况下，我的潜意识自动产生出我所需的所有资料。当我起身讲道时，我闭上双眼，认真讲述我的梦想。我告诉他们，假如我手中有100万美元，我就可利用它来实现我的梦想。我给他们讲我心中的计划，告诉他们我要筹组一所优秀的教育机构，教给学生知识并培养他们的心灵。

当我讲完坐下来时，一个坐在大约倒数第三排的人起身走向讲坛。我心里纳闷着他想做什么。结果，他来到讲坛附近说："牧师，我喜欢你的布道。我相信，假如你有100万美元，你一定会兑现你的承诺。为证明我相信你，还有你的讲道，如果明早你能到我办公室来，我就给你100万美元。我叫菲利普·阿默尔。"

年轻的冈萨拉斯于是到了阿默尔先生的办公室，得到100万美元。他用那些钱创办了阿默尔技术学院。

那么多钱对于大多数牧师而言，可能一生都没见过，但得到这笔钱的意念冲动却在年轻的牧师心中瞬间形成。那100万美元来自一个美好的构想，而支撑这个构想的，则是年轻的冈萨拉斯在心中酝酿了近两年的计划。

请注意重要的事实：当他下定决心要达到目标并制订计划后，不到36小时，他就有了这笔钱。

年轻的冈萨拉斯想获得100万美元的念头，其他人并不是没有过。在他之前或之后，许多人都曾这样想过。但是，只有冈萨拉斯能想到做到是因为：在那个值得纪念的星期六，他为他模糊的想法具体地、明确地制订了可行的计划，并下定了决心。

不只如此，冈萨拉斯获得100万美元的原则，至今适用，你也可以利用这个原则。这个普遍的法则，至今依然如当初冈萨拉斯应用它时一样奏效。

第六章　靠/计/划/致/富

第一个计划失败——再试一个

如果你采用的第一个计划不成功，再拟一个新的，假如再一次失败，那么再换一个，以此类推，直到找到有效的计划为止。大部分人之所以失败是因为他们缺乏创造新计划来取代失败计划的永久毅力。

没有实际有效的计划，即使是最聪明的人也无法成功致富或完成其他任何事业。这点要始终牢记，而且，当计划失败时要记住，短暂的挫折并不代表永远的失败。它可能仅意味着你的计划还不够完善。再拟另外的计划，再来一次。

托马斯·爱迪生在发明白炽灯以前失败过 1 万多次。也就是说他在成功前经历了 1 万多次的挫折！

挫折只意味着你的计划还有不足之处，并不意味着你永远无法成功。一些人终生不幸、贫困，其实只是因为他们缺乏致富的完善计划罢了。

亨利·福特积累了大量财富，不是因为他有聪明的头脑，而是因为他采纳并实行了一个正确的计划。在我们之中不难找出这样的人，他们都受过比福特更好的教育，但依然贫困，主要是因为他们缺乏一个积累财富的正确计划。

你的成就永远只在你的计划之内。这个论述既是个公理，也是事实。萨缪尔·因苏尔丧失了超过1亿美元。因苏尔的财富基于一个正确的计划，但经济萧条迫使因苏尔改变了他的计划，并且这种改变带来了“暂时的挫折”，因为他所采用的新计划并不完善。因苏尔先生现在已经是个老人，他可能觉得那次是个“失败”而不只是“暂时的挫折”，但是他没有想到真正导致失败的原因是他没有重建计划的毅力。

没有人会失败，除非他心里已放弃了。

但是失败却经常出现在我们身边，因为人们太容易在刚刚出现挫折迹象时就“认输”了。

詹姆斯·希尔开始努力筹措资金，建造横贯东西部的铁路时，也曾遭遇过暂时的挫折，但后来，他并未承认失败，而是不断建立完善他的计划，并且通过新计划成功了。

亨利·福特不只在汽车事业之初，而且在事业几近巅峰之时，都曾遭遇过暂时的挫折，但他重新拟订计划，不断朝成功靠近。

当我们看到人们致富时，我们通常只看到他们胜利的一面而忽略了他们在成功前所克服的各种挫折。

支持这一哲学的人，总需经历一些“暂时的挫折”，才能更好地走上致富之路。遭遇挫败时，你应把它当成一种警讯，提醒你的计划未臻完善，只要再重新拟订计划，你便会再次奋起，奔向你渴望的目标。如果你在达成目标前就放弃，你便是个“半途而废的人”，永远不会达到成功。

“一个半途而废的人永远不可能成功；成功的人，绝不会半途而废。”用大字将这句话写在纸上，并置于你早晨上班前、晚上睡前都看得到的地方。

当你开始挑选“智囊团”成员的时候，试图挑一些不会被挫折吓倒的人。

有些人愚蠢地认为，只有钱才能赚钱，这是错误的！通过书中的原则，你应该知道欲望便能转化为财富。财富本身并无生命，它不会动、不会思考、不会说话，但当你强烈渴望它并召唤它时，它却能“听得到”，然后应声而至。

规划个性化服务销售计划

本章剩下的内容是介绍推销个性化服务的途径和手段。这将对任何一个推销个性化服务的人有实际价值，并且对那些想要拥有领导力的人而言将有更大价值。

对于任何想赚钱的行业而言，聪明巧妙的计划是必不可少的。对于必须凭借推销个性化服务来获取财富的人，这里有一些详细的提示。

大家应该知道，所有累积巨额财富的人，实际上不是因为他们多有能力，而是因为他们能提供个性化服务或销售构想。如果一个人什么资本也没有，那么他除了销售构想与个性化服务以换取财富之外，还有其他什么办法呢？

概括来说，世界上有两种人，一种是领导者，另一种就是追随者。在选择时，一开始就要决定好，自己要做一名领导者还是一个追随者。二者的报酬差距很大，领导者获得的报酬是追随者永远想不到的，虽然有许多追随者都会愚蠢地幻想自己最终也能获得这种报酬。

当一名追随者并没有什么不好，但一直当追随者就不太明智了。大部分的领导者也都是从追随者开始做起，而他们之所以能成为领导者，在于他们是聪明的追随者。无法聪明地跟随领导者的人，几乎成不了领导人，能从领导者那里学习到东西的人，则通常最能迅速培养出领导才能。聪明的追随者能获得不少好处，其中一项就是从领导者身上学习许多自己不具备的本领。

第七章　靠决心致富

下决心的秘诀

大部分无法积累足够财富以供所需的人，往往很容易受他人意见的影响，他们让报纸和别人的闲话来代替自己主动思考。“意见”是最廉价的商品。每个人总有一箩筐的意见可以提供给任何想征求意见的人。假如你作出的决定总受他人意见影响，那么，你在任何事业上都很难成功。

如果你让别人的意见影响自己，那么你根本就不会有成功的希望。

当你开始实行这些原则时，要对自己所下的决心及实施这些决定保守秘密。除了你的“智囊团”成员以外，别轻易相信任何人，并确定你选的“智囊团”成员都是那些认同你的目标并愿意协调的人。

你的朋友或亲戚虽然不是有意的，但他们的“意见”有时候会阻碍你走向成功。许多人终生自卑，往往就是因为有一些怀着善意但实际上无知的人，通过他们的“意见”，毁了你的自信。

你有自己的头脑和思想。并且用它做出决定。在许多可能的情形下，如果你需要从他人身上获得必要的信息以使自己能下决心，那么你最好能够不动声色地去收集。千万别暴露自己的目的。

说话的巨人是做事的矮子

一知半解、学问浅薄的人有一种特质就是给人一种很博学的印象。这种人通常说得很多、听得太少。如果你想养成果断下决心的习惯，那么就睁大眼睛，竖起耳朵，尽量少说话。说话的巨人通常是做事的矮子。如果你说的总比听的多，你不但会让自己失去了吸收有用知识的机会，而且还可能会向那些嫉妒你、经常攻击你的人泄露了自己的计划和目的。

同时要记住，每当你在一个博学的人面前开口时，你同时也在向他暴露你肚里装有多少墨水，这样做没有意义。真正的智慧通常通过谦虚与沉默表现出来。

记住一个事实，即每个与你共事的人，其实也和你自己一样，都在寻求发财致富的机会。如果你过于随便地谈论自己的计划，你可能会发现，有人已捷足先登，比你先一步达到目标了；而他之所以成功，恰恰是用你之前泄露的计划。

因此，你要下的第一个决心应是：守口如瓶、竖起耳朵并睁大眼睛去倾听和观察。

为了提醒自己恪守这些忠告，不妨将以下警语大而醒目地写下来，贴在你每天能看得见的地方：“在告诉世人你的意图之前，先做出来！”

这句话也可以说成：“说得好不如做得好！”

第八章　靠毅力致富

测试你的毅力

当你打算遵循书中传达的意见时，当你开始遵循六大步骤时，便是对你毅力的首次考验。除非你是那 2% ，即有明确目标且有明确计划的人，否则你很可能在读了这些内容后，仍旧继续日常的惯例行为，忽视其中的意义。

作者正在测试你这一点，因为缺乏毅力也是失败的一大因素。此外，从数千人的经验中证实，缺乏毅力是大部分人共同的弱点。然而能否克服缺乏毅力的缺点，在很大程度上完全由你个人的努力程度决定。

任何成就的起点都是欲望，永远记住这一点。微弱的欲望带来微弱的结果，就如小火只能带来微温一样。如果发现自己缺乏毅力的话，那么，燃起熊熊的欲望火炬，就能够将事情做好了。

读完书后请再回到实行六大步骤有关内容。你遵循这些步骤的程度，将能验证你的欲望有多大。如果你是那种漫不经心、毫不在乎的人，便可断定你尚未获得必备的欲望，这样的人是无法致富的。

财富会流向“吸引”它们的有充足准备的人，如同水必然流向海洋一样。

假如发现自己缺乏毅力，那么请注意有关“力量”的内容；让自己身边充满“智囊”，通过这些成员的努力合作，你将能培养出惊人的毅力。在“自我暗示”和“潜意识”的有关内容中，你将找到另外一些做法。遵循这些步骤，直到将你渴望的目标清晰地展现出来。那时起，你便不会受限于缺乏毅力的困境了。

因为无论在你醒着或睡着时，你的潜意识都一直在运转。

毅力与“财富意识”

贫穷往往趋向安于贫穷的人，同样，财富则向追求它的人靠近。贫穷的发展是很容易的事情；而财富意识的产生必须要努力培养，并使其处于发号施令的位置上，除非一个人生来便有财富意识。

掌握以上叙述的意义，你便能了解毅力对于致富的重要性。缺乏毅力将很难成功，甚至在事情还未开始前，便已被打败。有毅力的人，才可能会赢。

假如你经历过梦魇，你就能了解毅力的重要作用。想象你正躺在床上，半睡半醒着，感觉自己就要窒息而死。你无法翻身或控制任何一条肌肉。但你有意识去重新控制自己的肌肉并通过意志力不断地努力，你终于设法移动一只手的手指。继续移动手指，你去努力将控制力延伸到一只手臂的肌肉，直到你能够活动。然后用相似的方式，去努力控制另一只手臂。接下来，你终于能控制一条腿，然后再扩展到另一条腿。最后，以一股坚定的意志，你重获了对肌肉完全的控制，并挣脱出了梦魇。你终于走向了成功。

如何“快速挣脱”精神怠惰

有时候你可能会发现，想要“快速挣脱”精神怠惰状态，也需要类似于挣脱“梦魇”的方法。开始时，一点一滴地前进，然后逐渐加速，直到完全掌控意志。刚开始，无论进展有多慢，都要坚持下去，只有这样才能取得成功。

毅力没有替代物！请记住这点，即使在进展似乎很困难、很缓慢时，你也要坚定地走下去。

有毅力的人，往往能免于失败。他们无论受挫多少次，总能从头再来，并最终到达巅峰。有时候，似乎在冥冥之中专门以失败的经历考验着每个人。那些挫败后还能继续努力的人，终能抵达终点接受世人的欢呼：“太棒了！我就知道你能做到”！没有毅力的人往往难以成功。无法承受考验的人，就难以取得成就。

而那些经得起挫折考验的人，终会获得丰富的报酬。不只获得了财富，他们还获得了比物质报酬更重要的东西，即“每次失败蕴藏着一颗带来同样利益的种子”。

超越失败

“超越失败”的原则有一些例外。只有少数人能从经验中获得毅力。他们是认为“失败不过是暂时的”那种人。不断地运用欲望的力量化失败为成功。我们这些旁观者，看到许多人倒在失败中，且终未能走出失败的阴影。我们也见过极少数的人将失败的惩罚当作要“更努力的激励”。这些人，从来就不接受生活逆境。我们看不到，但多数人却不曾质疑其存在的，是一股不可抗拒的力量，它挽救了面临挫折仍然继续奋斗不懈的人。谈到这股力量，我们称其为毅力。我们都明白：一个人若缺乏毅力，那么他在任何事情上都无法获得显著的成就。

纽约百老汇是最神秘的街区，它是“希望幻灭的坟墓”，也是“机会的门廊”。世界各地的人们来到这里，寻求名声、财富、权力、爱情或任何被人们视为成功的东西。偶尔，有人会脱颖而出，然后全世界便会听到他的声音，又有一个人征服了百老汇。要征服百老汇，不是件容易的事。

唯有在一个人被拒绝多次之后，它才会欣赏他的才能，认同他的天分，并回报以财富与名誉。

至此，我们才能确知，他已领悟征服百老汇的秘诀了。这与毅力紧密相连。

范妮·赫斯特的奋斗史说明了这个秘诀。她靠毅力征服了白色大道。她 1915 年来到纽约，想通过写作致富。她的转机来得很慢。有 4 年时间，赫斯特小姐从第一手经历中去了解这条“纽约的人行道”。她白天绞尽脑汁地写作，晚上则不断地期盼着。当期盼暗淡时，她并没有说：“好吧，百老汇，你赢了！”而是说：“很好，百老汇，一些人被你击败了，但你击不倒我。我一定会让你屈服的。”

在她突破困境，让人们了解她之前，一家出版商已拒绝过她 36 次。一般的作家（正如同其他行业中的一般人），在第一次被拒绝后，通常便会选择放弃。而她在这条路上辛苦地奋斗了 4 年，只因她有一定要赢的决心和毅力。

“报酬”随后便来了。她经受住了考验。从此以后，很多出版商与她商议出书的事情。接着，电影界人士亦发现了她。至此，财富不断积累。当时她的最新小说《伟大的笑料》的电影版权为她带来 10 万美元之多，这在未出版的图书中版税最高，而从这本书获得的版税可能更高。

简言之，你已了解毅力能获得什么了。范妮·赫斯特也并不是特例。无论人们在何处获得巨额财富，你可以断定，他们一定都具备了毅力。百老汇或许会给任何乞讨者一点甜头，但想追求丰厚的财富，则必须要有极大的毅力。

凯特·史密斯如果看到这里，一定会感触很深。因为在她能拿起麦克风演唱以前，她有好几年的时间都是免费献唱。百老汇对她说：“来拿啊，如果你拿得住的话。”她坚持下去，直到好日子的来临，百老汇终于对她说：“唉，有什么用？你根本不畏惧挫折，说个价码吧，然后认真工作。”史密斯小姐说出了价码，价码如此之高，以至大多数人辛劳一年才可能与她工作一周的薪水相比。

其实，这正是和毅力相符的价码！

第九章　靠/潜/意/识/致/富

如何激发潜意识的创造力

潜意识可以激发一个人的潜在力量，即创造力，这种力量是令人惊奇的。

当我们每次讨论到潜意识时，总感觉自己很渺小，或许是因为我们对此课题的全部知识了解得太少。

在你接受了潜意识存在的事实，并了解它可能成为将你的欲望转化为实物或金钱对等物的一种媒介之后，你将会了解“欲望”一章里所写的全部意义。你也将了解，要不断地提醒自己的是，必须清楚自己的欲望并将之写成文字。当然你也会了解毅力对于实现这些欲望的必要性。

13 项原则便是一些刺激物，你可通过它来接触与影响潜意识。当你第一次尝试此做法失败时，千万别气馁。记住，要遵循有关“信心”章节所给的做法，潜意识心灵唯有通过习惯才可受自己的意愿指引。也许目前你还无法支使你的信心，但只要有耐心和毅力，就可能培养出信心。

为了有利于潜意识的培养，在此将重述许多有关“信心”和“自我暗示”的说法。记住，你的潜意识是自动作用的，不论你有没有影响它。这一点自然也是在暗示你，恐惧和贫穷的想法以及其他消极负面的思想亦能充当潜意识的刺激物，除非你能控制这些冲动，并提供潜意识更合适的养分。

潜意识不会闲着。假如你无法在潜意识中植入欲望，那么由于你的疏忽，它就会接受任何思想。无论是消极的还是积极的意念冲动，都不断地通过 4 种来源传到潜意识。

此刻，你应该记住下面这点：你每天都生活在各种各样的意念冲动中，它们在你不知情的状况下不断传至你的潜意识。这些冲动有的是消极负面的，有些是积极正面的。你现在要做的就是努力尝试去断绝负面的冲动，并通过积极的欲望冲动，来给予潜意识正面刺激。

当你做到这点时，你将拥有开启潜意识之门的钥匙。不仅如此，你还会因为彻底地控制此门，而使那些不利的思想念头不能轻易影响你的潜意识。

人创造的每一件事物都始于一种意念冲动。如果没有这种意念冲动，人是创造不出任何东西的。在想象力的作用下，意念冲动可集结为计划。只要控制得当，想象力可用来创造计划或目标，引导个人在其选择的事业上迈向成功。

所有意图转化为实质对等物自动深植于潜意识中的意念冲动，都需要想象力与信心的融合。也就是说，将信心与计划或目标“混合”，再传送到潜意识，这个过程唯有通过想象力才能达成。

相信你已经注意到，想依靠自己的意愿利用潜意识，需协调与应用所有原则。

利用积极正面的情绪

混合了“感觉”或情感的意念冲动，要比只由心灵的理性部分产生的意念冲动更容易影响潜意识。事实上，“唯有赋予情感的意念才能对潜意识产生行动影响力”的理论，是由实践证明的。大家都知道情感或感觉可控制大多数人，如果潜意识真的对融合了情感的意念冲动有较快的回应并且易被它们影响的话，那么就有必要熟悉这些较重要的情感。这些情感中主要的积极情感有7种，主要的消极情感也有7种。消极情感会主动注入意念冲动中，而那正是确保进入潜意识的通道。积极情感则需通过“自我暗示”，才能注入个人希望传达至潜意识的意念冲动。

这些情感或感觉冲动，因其构成了行动要素（意念冲动也通过其由被动化为主动状态），故可将其比拟为面包中的发酵粉。由此可见，混合了情绪的意念冲动，会比由“冷静的理智”产生的意念冲动更易发生作用。

现在你要做的就是为了影响和控制潜意识的“内在听众”而作准备，以便能将那股对财富的欲望（你希望能将其化为财富对等物）传至潜意识。因此，你就必须了解接近“内在听众”的方法。你必须说它懂的语言，否则它不会注意到你。它最了解的语言就是情感或感觉的语言，故让我们在此叙述七种主要的积极情感和七种主要的消极情感，如此一来，在你给潜意识下达指示时，就可以利用积极情感的作用，而避免消极情感的影响了。

七种积极情感：

欲望
信心
爱
性
热忱
浪漫
希望

当然还有其他情感，但这七种情感最有力，也是创造性工作最普遍涉及的七种。掌控了这七种主要情感（唯有通过使用方能掌控它们），那么其他积极情感在你需要时也能为你所用。同时，你需要阅读一本意图让你心中充满积极情感，并借此协助你发展“财富意识”的书。

七种消极情感：

（应该避免的）

恐惧

妒忌

怨恨

报复

贪婪

迷信

愤怒

积极情感和消极情感不会同时存于心里，只有一种会在某段时间里主宰你的心灵。确保由积极情感构成主宰心灵的影响力，要靠你自己去努力。在此能帮助你的，便是“习惯法则”了。养成利用积极情感的习惯，渐渐地它们就会成为影响你心灵的主力，从而使消极情感难以影响到你。

唯有坚持遵循这些指示，你才能掌控潜意识，只要意识中出现一种消极情感，便足以毁掉所有由潜意识获得建设性协助的机会。

第十章　靠/头/脑/致/富

有关头脑的戏剧性故事

我们不可忽视的一点是：人类即使具有如此显赫的文化与教育，却仍难以完全了解意念的微妙力量（所有无形力量中最强烈的一种）。人类对有关人的大脑可将意念之力转化为物质对等物的庞大网络所知甚少，但人类现在正进入一个新的时代，这个时代将对此课题产生新的启迪。

科学家早已开始着手研究“大脑”这个惊人的物体，而且即使仍处于研究的初级阶段，他们仍发现了许多知识，得知人脑的中央配电盘中，将脑细胞彼此相连的线路数目，即有数字 1 后面再加上 1500 万个 0 条。“这数目太惊人了！”芝加哥大学的赫里克博士说，“与之相比，处理数亿光年的天文数字，便是小菜一碟了。据估计，人类的大脑皮质层中，有 100 亿～140 亿个神经细胞，这些细胞都以一定的方式排列，而且排列是井然有序的。最近的电生理学方法，从精确定位的细胞或具有微电极的纤维中，排除其作用电流，再以无线电管增强，最后记录到的潜在差异达百万分之一伏特”。

令人难以相信的是，如此错综复杂的网络，其存在目的只是为了延续肉体成长与维持身体功能而已。那么提供数十亿脑细胞彼此间互相沟通管道的同一系统，是否也能提供我们与其他微妙及难以捉摸力量沟通的途径呢?

在心灵现象这块领域里，目前有很多科研机构和个人正在有组织地进行研究，并且通过研究已获得的一些结论与本章和下一章所描述的不少内容有相通之处。

如何团结心灵协调工作

莱恩博士认为心灵在一些状况下会回应被称为“超感觉”的知觉模式，由于他的这个学术发现，这里用一件事实来对它进行说明，我的两位同事和我已发现心灵在理想的状况下可被刺激，因而使得下一章所要描述的“第六感”得以发挥实际作用。

我所指的状况包含我与两位同事在内的亲密工作联盟。通过许多实验，我们发现了刺激心灵的方式（通过应用下一章“隐形顾问”的原则），因此我们可将 3 个心灵融合，这样便可以为我的客户所提出的各类问题找到解决方法。

过程非常简单。我们坐在会议桌前，清楚地说明问题的本质，然后开始讨论。每个人都可以将可能想到的任何想法提出来。这个心灵刺激方式的奇特之处在于，它可使每个参与者与未知的知识产生联系。

这种在 3 人之间通过和谐讨论以明确课题的心灵刺激方式，正是最简单也最实际地应用了智囊团的方法。

通过采用与遵循类似的计划，学习这个原理的任何学生，都可拥有著名的卡内基秘诀。假如此时这一点对你并不具任何意义，那么请标示出这页，等你看完最后一章再回头把这里重读一遍。

第十一章 靠第六感觉致富

第六感的奇迹

我不相信也不鼓吹“奇迹”，因为我知道自然界绝不会偏离它既定的法则，只是它的某些法则实在难以理解，以致产生了看似“奇迹”的结果。第六感就是我经历过的“奇迹”了。

我知道——有一种力量，或一个最高目标，或一种智力，充斥在每一个物质原子中，并围绕着人们所能感知的每一个能量单位——正是这种力量，无穷智慧让橡树种子变为橡树；使水回应引力法则流下山坡；使日夜循序出现；使四季更替；使大地万物皆有其位，并维持彼此间适当的关系。通过本哲学原则，智力可转化为助力，化欲望为具体或物质的形式。

在经历“英雄崇拜”的年代，我发现了自己努力模仿偶像所带来的信心。此外，我还发现自己努力模仿偶像所凭借的信心成分，才使我有能力做到这一点。

让伟人塑造你的人生

一位美国哲学家曾说，他一直有崇拜英雄的习惯。他自认为仅次于真正伟大的，就是模仿伟人，而且尽可能地在感觉和行动上接近他们。

他有一个习惯，就是想通过模仿 9 个人来重塑自己的性格，因为这 9 个人的一生令其印象深刻。他们是爱默生、潘恩、爱迪生、达尔文、林肯、伯班克、拿破仑、福特和卡内基。几年来，他每晚都和这群人开一场假想的咨询会议，并把他们称为“隐形顾问”。

过程是这样的。晚上就寝前，他闭上眼睛假想这群人和其一起围着会议桌而坐，而且还可以指挥这群人。

他之所以每夜沉浸在这种想象中，是因为其目标明确，就是要重塑自己的性格，并且使这种性格成为这群假想顾问性格的综合体。他很早就有体会，自己必须克服生于无知与迷信环境的障碍，所以他有意通过以上描述的方法，以求再生。

通过自我暗示塑造性格

所有的人都是由于主宰他们自己的意念和欲望而使他们成为他们目前的样子。每个深藏的欲望都有导致个人寻求外在表现的效果，那些表现可使欲望化为事实。其实自我暗示是塑造性格的一项很重要的因素，而事实上，它也是能借以塑造性格的唯一原则。

有了心灵运作的这些原则知识，便具备了重塑性格所需的知识才能。在这位哲学家与伟人的假想“会议”中，他要求他们贡献希望得到的知识，他对他们说：

爱默生先生，我渴望从你那里获得了解自然的神奇力量，它曾使你的人生如此辉煌。我请求你，将你所拥有的特质，也就是那些使你能够了解并适应自然定律的特质深印在我的潜意识里。我还请求你帮我获得和应用这些知识。

潘恩先生，我希望从你那里获得使你卓然不凡的思想自由以及能借以表达出说服力的勇气与清晰的思维。

爱迪生先生，在调查成功与失败的原因时，我曾近距离地坐在你的旁边。我希望由你处获得你借以揭露无数自然奥秘的信心和精神，以及你可以将失败转为成功的毅力。

达尔文先生，我希望由你处获得神奇的耐心以及你在自然科学领域中清楚且公正地研究因果的能力。

林肯先生，我希望在自己性格中塑造你特有的敏锐正义感、耐性、幽默感、人道的谅解以及容忍力。

伯班克先生，我请求你传授我使你能与自然法则协调的知识，你凭此知识使得仙人掌去除尖刺后成为食物，我也想得到。还有你使一向只长一片叶片的草现在长出两片来的知识。

拿破仑先生，通过向你看齐，我渴望获得你所具有的神奇才能，因为这种才能可鼓舞他人，并使他人行动更坚定。同时，也想获得使你转败为胜和克服困难的持久信心。

福特先生，你是给予我工作必要资料的众多有帮助的人之一。我希望获得你的精神、决心、镇定和自信心，这些特质使你摆脱贫困，并组织、团结及简化人类的工作，因此我可以借以帮助他人，让他们追寻你的脚步前进。

卡内基先生，我已经受惠于你给我终身工作的选择，这个选择给予我平和的心情和无穷的幸福。我希望彻底了解你有效建立庞大工业公司的各项工作原则。

想象的惊人力量

这位哲学家向假想“会议”成员说话的方式会按照他当时最想获得的性格特性而进行。他极小心地研究过他们一生的记录。数月后，他惊讶地发现，这些假想人物竟然变得相当真实。

让他吃惊的是，这 9 个人各有其发展特点。比如，林肯渐渐迟到，然后以沉稳的步伐到处走动。他每次来的时候，都是双手挽在背后，而且走得很慢。他总是一脸严肃，很少看到他笑，因为历史上美国国家的分裂使他很苦恼。

其他几位可就不同了。伯班克和潘恩经常机智地对谈，有时那些话似乎使其他人感到震惊。有一回，伯班克迟到了。他来时十分兴奋，并解释说他因为在做一项实验而迟到，他希望通过这个实验，可使任何一种树都能长出苹果来。潘恩听后斥责他，并提醒他记得，男女间所有问题的开端就是苹果。达尔文开心地笑着，同时建议潘恩到森林里采集苹果时，要特别留意小蛇，因为它们会长成大蛇。爱默生听了便说："没有蛇，就没有苹果。"拿破仑接着说："没有苹果，就没有国家。"

每次"会议"结束后，林肯总是最后一个离开。有一次，他斜靠在桌子边，双手交叉，保持这种姿势好几分钟。最后，他抬起头，站起身并且走向门口，然后突然转身说："如果要坚定不移地追求你生命中的目标，你就需要更多的勇气。但是当你遭遇困难时，应该记住普通人都有的常识：逆境可以发展勇气。"

有一天晚上，爱迪生先来到。他说："你注定要见证生活秘密被发现的那一刻。那时你会发现生活由一大群能量或实体组成，而且每一个都像人类自认为的那样聪明。这些生活的组成单位团结在一起，直至缺少和谐才分裂。"

"这些单位就像人类一样有不同的见解，并且经常争斗。你召开的这些会议对你帮助很大，可以帮助你挽救那些曾服务于你的其他阁员相同的生活单位。这些单位一直都在，它们不会消亡，你的思想和欲望如同磁石，可以从生活的巨大海洋中吸引组成单位。但是只有友好的组成单位才会被吸引——它们可以与你欲望的本性相适应。"

这时其他人开始走入房间。爱迪生站起来，慢慢回到座位。这些发生时，爱迪生依然在世。这个场景给这位哲学家留下极深的印象。

"会议"变得如此真实，以致这位哲学家开始对其结果感到害怕而停了几个月。因为这些经历是如此怪诞，他担心如果继续下去的话，自己就会忘记一个事实，那就是这些“会议”乃是他纯粹的想象经历而已。

在他中断这个行为的6个月后的一天晚上，他突然醒来，似乎看见林肯站在床边。林肯说：“这个世界不久会需要你。它即将经历一段时间的混乱，这会让很多人失去信心，并且变得惊恐无助。继续你的工作，并完成你的成功哲学。这是你生命的任务。”

虽然这些人纯粹是虚构的，“会议”也仅是想象，但他们却带领这位哲学家进入辉煌的奇遇途径，重燃他对真正伟大的赞赏和尊重，激励他做出创造性的工作，并使他勇于表达诚实的思想。

第二篇　寻找财富

第一章　财/富/就/在/脚/下

寻找你的财富

穷人和富人的差别就是，穷人不善于寻找财富，而富人之所以能够创造财富，就在于他们终生都在孜孜不倦地寻找财富。

穷人之所以贫穷，不是因为所有的财富已被瓜分完毕，而是因为他们坚信这个世界上没有任何发财致富的机会。

不错，现在要想进入某些行业确实已经很困难，你可能会被拒之门外。但是，上天关上了门总会为你开一扇窗，总会有另外的行业能带给你机会。

的确，如果你在一个大集团公司工作了许多年，仍然只是一名普通雇员，也许就很难实现自己做老板的梦想。但是，如果你开始按照正确的方式做事，就会不再局限于这份工作，你会更加积极地进取，走上适合自己致富的道路。比如，你可以去开一家小店，零售经营。不断发展的社会给从事零售行业的个体经营者提供了非常好的机会，这使得他们发觉致富并不困难。但你可能会说“我没有资金”，不错，正是这种消极的想法束缚了你。今天也许是这样，但明天呢？我们已经说过，只要你能运用好选择的力量，就一定能够得到自己所希望的。

我们的需求随着人类社会的发展而变化。不同阶段、不同时期，机会的浪潮都会向不同方向涌动。如果你能顺应时代潮流的发展，而不是逆着机遇的潮流而动，你就会发现，机会总是无处不在。

人类作为整体也符合致富的规律。人类，其整体总是越来越富裕；而个体的贫穷，完全是由于他没有积极努力地去寻求致富之路。

生命固有的内在动力总是驱使自身不断向更加丰富多彩的生活迈进。智慧的天性就是寻求自我的扩张，内在的意识总会寻求充分展示自我的机会。宇宙并非静止，它不断追求永恒的进化与发展。

大自然正是为生命的进化而形成，也为生命的丰富多彩而存在。因此，大自然中蕴藏着生命所需的充足资源。我们相信，自然界的真谛不可能自相矛盾，自然界也不可能使自己业已显现的规律失效。因此，我们更有理由相信，宇宙中的资源取之不竭。所以丝毫不必担忧，没有人会因为大自然资源的匮乏而受穷。

记住这个事实：谁也不会因大自然的短缺而受穷。你的手中掌控着财富的权利，只要你肯努力地去寻找，终将得到属于你的财富。

金子就在自家门口

许多人都梦想创立自己的事业，但却苦于找不到突破口。

当吉姆·麦凯布结束自己作为心理学家的职业生涯时，他和他做辩护律师的妻子决定开创一项新的事业。麦凯布喜欢看电影，于是就决定开一家录像带出租店。但是在他们开出租店的地方，大部分商店也有出租电影录像带的业务，他们为了决定到底出租什么电影而特意去查找电影目录，结果发现许多商店都在出租奥斯卡获奖电影及世界各地的优秀影片，其中也有一些不同寻常的电影，即被许多人称为“演出的大失败的影片”。他们俩便认为别人可能和自己一样喜欢这些一般在商店里看不到的电影录像带。

当他们的“录像天地”在弗吉尼亚开张时，除了在柜台上摆放奥斯卡获奖电影和世界各地优秀电影录像带外，还储备了许多稀奇古怪的电影录像带，并打出了“保证供应城内最糟的电影”的招牌。结果，生意做得出奇的红火，顾客都慕名来租看电影院不愿上演的影片。

由于市场反应良好，夫妇俩又决定开发新的业务，即通过免费电话向全美国出租“最糟电影”录像带，一年利润达 50 万美元。吉姆·麦凯布说：“我们在竞争中获胜，我们的经验是，经营者必须拥有自己的特色。”

其实机遇就在你手中，自家门口就埋藏着金子。我们从麦凯布的创业经验，就可以得到证实。

安全刀片大王吉列，未发明刀片以前在一家瓶盖公司做推销员。他从 20 多岁时就开始节衣缩食，将省吃俭用的钱全用在发明研究中。但是过了近 20 年，他仍旧一事无成。

1985 年夏天，吉列到保斯顿市出差，他在返回公司的前一天就将火车票买好了。第二天早晨，他起床迟了一点，正匆忙地用刀片刮胡子，旅馆的服务员急急忙忙地走进他的客房提醒他说：“再有 5 分钟，火车就要开了。”吉列听到后，一紧张，便不小心把嘴巴刮伤了。吉列一边用纸擦血一边想：“如果能发明一种不会轻易伤到皮肤的刀片，一定大受欢迎。”于是他就埋头钻研。

历经艰难险阻，吉列终于发明了我们现在每天所用的安全刀片。他也摇身一变成为世界安全刀片大王。

为数不多的成功范例，都是由现实生活中的小事所触发的灵感引起的。

美国印第安人克鲁姆是炸马铃薯片的发明者。1853年，他在萨拉托加市高级餐馆中担任厨师。一天晚上，一位法国客人总挑剔克鲁姆做的菜不够味，特别是油炸食品太腻，无法下咽，令人恶心。克鲁姆气愤之余，随手拿起一个马铃薯，切成极薄的片，一边咒骂一边将薄马铃薯片扔进油锅里，结果却好吃极了。不久，这种金黄色且具有特殊风味的油炸土豆片，甚至作为美国特色小吃而进入了总统府，并且至今仍是美国国宴中的重要食品之一。

千万别小看你自己在无意中闪过的灵光。

美国大西洋城有一位名叫尊本伯特的药剂师，他费尽心思发明了一种用来治疗头痛和头晕的糖浆。糖浆按配方配制出来后，他嘱咐店员用水冲化。有一天，一位店员因为粗心出了差错，把放在桌上的苏打水当作白开水，没想到一冲下去，“糖浆”冒气泡了。

这种事让老板知道可没什么好果子吃，店员想把它喝掉，先尝一下味道，结果味道还挺不错，越喝越好喝。由此，闻名世界且年销量惊人的可口可乐就被发明出来了。

有时候，机遇会自己找上门来，就看你能不能发现。

日本大阪的富豪鸿池善右是日本十大财阀之一，而他在获得成功前不过是个走街串巷的小商贩。

有一天，鸿池与他的佣人大吵了一架。佣人一气之下将火炉中的灰抛入浊酒桶里（川德末期日本酒都是混浊的，还没有今天市面上所卖的清酒），然后慌张地逃跑了。

第二天，鸿池很惊讶地发现，桶底有一层沉淀物，上面的酒竟然异常清澈。尝一口，味道相当不错，这真是一件不可思议的事情。后来他经过不懈的研究，认识到石灰有过滤浊酒的作用。

经过十几年的钻研，鸿池制成了清酒，这是他走上成功之路的开始，而鸿池的佣人永远也不会知道：是他给了鸿池致富的机会。

这样的例子还有很多，只要你善于观察，勤于思考，就会发现身边存在着无数的机会。

住在纽约郊外的扎克，是一名碌碌无为的公职人员，他唯一的嗜好便是滑冰。

纽约的近郊，冬天到处会结冰。在冬天，扎克只要有时间就会到近郊去滑冰娱乐，然而夏天就没有办法在室内冰场滑个痛快了。室内冰场的门票很贵，而且他收入有限，不便常去，但待在家里也不是办法，扎克感到度日如年。

有一天，他百无聊赖时，一个灵感涌上来："如果将轮子装在鞋底，就可以代替冰鞋了，普通的路就可以当作冰场。"

几个月之后，他跟人合伙开了一家小工厂，专门制造这种特殊的冰鞋。他做梦也想不到，产品一问世就立刻流行到世界各地。没几年工夫，他就赚进100多万美元。

机遇只垂青那些勤于思考的人。刮胡子和用铅笔的人数不胜数，而发明安全刀片和带橡皮头铅笔的却只有一个。

世事洞明皆学问，人情练达即文章。金子就在自家门口，只要你开动脑筋，勤于思考，你的未来就不是梦。

第二章　财/富/就/是/力/量

财富是否可以给人带来幸福

财富不但可以用来做好事，也能用来做坏事，关键在于是否用之有道，它除了能满足人们的基本生活花费外，还可用于慈善事业。

19 世纪末 20 世纪初，许多曾使美国工业蓬勃发展的大人物纷纷去世，不少人极关心巨大家产的归属问题。人们预料那些继承人大多数将难守父业，会白白地把遗产挥霍掉。

人们将关注点聚焦在“石油大王”洛克菲勒的儿子小洛克菲勒身上。1905 年有一本杂志发表了一组题为《他将怎么安排它?》的文章，开场白这样写道：

> 人们对于世界上最大的一笔财产，即约翰·D. 洛克菲勒先生的财产今后将如何安排非常感兴趣。这笔财产在几年之中将由他的儿子小约翰·戴·洛克菲勒来继承。不言而喻，这笔钱的数额如此巨大，以至继承这样一笔财产的人完全可以通过这些财力去改革这个世

界……要不，就用它去干坏事，将使文明推迟 1/4 个世纪。

此时，在老洛克菲勒晚年最信任的朋友——牧师盖茨先生的建议下，他已先后把上亿巨款分别捐给学校、医院、研究所等机构，并建立起庞大的慈善机构。虽然老洛克菲勒对慈善机构进行大量投资，但他在感情上对这种事业还是冷漠的。他更看重赚钱这门艺术，怎样把别人口袋里的钱赚到自己手中才是他毕生的工作，也是他生活的唯一动力。

这就给小洛克菲勒提供了一个机会，他也牢牢地把握住了这个机会。小洛克菲勒曾回忆说："盖茨是位杰出的理想家和创造家，我是个推销员——抓住时机地向我父亲推销的中间人。"在老洛克菲勒"心情愉快"的时刻，譬如饭后或坐汽车出去散心时，小洛克菲勒往往就抓住这些有利时机进言，他的一些慈善计划常常会得到父亲同意。

在 12 年的时间里，老洛克菲勒给他的四大慈善机构投资了 4 亿多美元：医学研究所、普通教育委员会、洛克菲勒基金会和劳拉·斯佩尔曼·洛克菲勒纪念基金会。在投资过程中，他把这些机构都交给了小洛克菲勒。在这些机构董事会组建过程中，小洛克菲勒确实起了积极作用，远不只是充当说客而已。他除了帮助进行摸底工作，还物色了不少杰出人才来管理和指导这些机构的工作。

1973 年，美国通过一项法律，即把资产在 500 万美元以上遗产的税率增加到10%，次年又把资产在1000万美元及1000万美元以上的遗产的税率增加到20%。即使如此，老洛克菲勒20年中陆续转移到小洛克菲勒手里的资产总值仍有近5亿美元，小洛克菲勒捐款的数字几乎等同于他父亲的。老洛克菲勒只给自己留下2000万美元左右的股票，以便到股票市场里去消遣。

这笔庞大的家产落到小洛克菲勒一人身上，多得令他吃喝不完，多得足以令意志薄弱者挥霍堕落，但他却从来都把自己看作这份财产的管家，而不是主人，他只对自己和自己的良心负责。

走出大学以后的50年里，小洛克菲勒作为父亲的助手，凭自己对慈善事业的热心共捐赠出8.22亿美元以上。他说："给予是健康生活的奥秘……金钱可以用来做坏事，也可以将金钱作为建设社会生活的一种工具。"

他所赞助的事业，无论是慈善性质还是经济性质，在投资前都经过了从头至尾的仔细调查，范围广大而影响深远。

"我确信，有金钱必然带来幸福这一观念的人并不能真正富裕而快乐，愉快来自能做一些使自己以外的某些人满意的事。"说这话的人是老洛克菲勒，他的儿子使这句话变为现实。对小洛克菲勒来说，赠予似乎就是本职。在他把金钱捐赠给需要它的人并给他人带来幸福的时候，他自己也得到了幸福。

从珍惜财富开始

只有珍惜财富，它才会越积越多。财富怎么会甘居于不爱财富的人手中呢？一个浪费并且不懂得爱惜财富的人，就算偶尔得到财富，也会很快失去它。

在人际关系中，我们自然不希望与自己讨厌的人接触，而对方或许也有这种感觉，也避免和我们交朋友。人际关系也是能说明财富问题的，只有我们内心深处真正渴望富有，才有可能摆脱贫困而变得富有。先有喜爱，然后才会产生接近的机会。就像谈恋爱一样，对自己心仪的人，我们都会想办法与他或她见面。所以，生财之道就是要先珍惜财富。这是相当重要的。

乔·坎多尔弗出生在美国肯塔基州的瑞查孟德镇。1960年，他的第一个孩子米切尔出生了，每周56美元的收入也开始使这位数学教师的家庭生活出现了困难，他开始感觉到钱的重要性。

当坎多尔弗在迈阿密大学读书时，一家人寿保险公司曾向他出售过保险。当时，这家公司希望他能向大学生们推销各种保险。在通过基本资格测验后，保险公司录用了他，并答应每月付给他 450 美元作为酬劳，条件是他必须在未来的 3 个月中卖出去 10 份保险或赚取 10 万美元的保险收入。这对于只是个数学教师的坎多尔弗来说，真是件无比艰难的事情，但是他太需要钱了，同时他的妻子也很支持他，他便开始努力熟悉每一件与人寿保险有关的事。为了奋斗，他在警察局以每月 35 美元的价格租了间小屋，并把妻子送回娘家。他给自己制订好一份计划，出人意料的是，工作第一天，他花了 16 小时与 7 人谈生意，却没有一个人买他的保险，他停食一天以示惩罚。但他没有灰心，不断的努力使他在头一个星期就创造了 9.2 万美元的保险收入。同年 12 月，坎多尔弗再次与保险公司签订了 6 个月代理商的合同。同时，公司付给他 1.8 万美元的酬金和奖励金，作为对坎多尔弗的鼓励。从那时起，坎多尔弗找到了终身的职业。

为了干得更好，坎多尔弗每天都要比别人多干几个小时，他工作 1 年相当于别人工作 1 年半。坎多尔弗不仅延长工作时间，而且有效地利用各种空闲的时间。在他的工作时间内，没有目的的事他从来不干。即使吃饭也是有意义的事情：如果他与某人一起吃饭，则这个人要么很重要，要么是一位有助于自己赚钱的人；如果他单独一人吃饭，那么他不是在接电话就是在阅读与他的业务经营有关的资料。一位年轻人曾向他请教如何增加销售额，坎多尔弗将自己的经验告诉他，结果那个年轻人的销售额增加了3倍。

坎多尔弗希望把吃饭和睡觉的时间都用来工作，他说："我觉得人们在吃睡方面花费的时间太多了，我最大的愿望是不吃饭不睡觉。对我来说，一顿饭若超过15～20分钟，就是浪费。"天道酬勤，1976年，坎多尔弗的保险推销额达10亿美元。

坎多尔弗在谈到自己的成功时说："我成功的秘密相当简单，为了赚到钱，我可以比别人更努力、更吃苦，而多数人不愿意这样做。"坎多尔弗的故事，足以说明问题，只要对财富充满热爱之情，对财富充满强烈的欲望，你就会比别人更努力、更吃苦，最终拥有别人意想不到的财富。

美国纽约医学院精神病学教授山姆·詹纳斯，曾对数百名不依靠家庭力量走上致富之路的百万富翁进行调查。结果发现，这些白手起家的富翁们都具有性格上的"通性"。于是他认为，只要人们能够培养成这种"通性"，就可能走上致富之路。他概括出来的这种"通性"包括4个方面：其一，你必须对财富充满浓厚的兴趣，甚至有一种强烈的欲望；其二，必须一心一意地工作，每星期做满7天，每月30天，每年360天；其三，必须要有极大的忍耐性和坚毅精神，不因工作偶遇挫折而气馁，永远坚持自己的信念；其四，不因为工资低而轻易放弃工作，只要有钱赚又合理合法的，即使一般人不愿意干的工作，都要高兴地接受。

因此，如果你真的想走上致富之路，那么就让你的财富欲望强烈起来，就从珍惜财富开始吧！

第三章　财富依附机遇

机遇＋胆识＝巨额财富

机遇与我们的生活和事业密切相关，在商业活动中，对时机的把握甚至可以决定你的成就。而胆识却是把握时机时的一种决心，是可以让机遇变为财富的一种方法。美国企业家哈默与威士忌酒的故事，就是机遇加上胆识创造巨额财富的故事。

哈默一生中最活跃的时期是1931年从俄国回美后开始的。在这以后的25年里，他得心应手，在他感兴趣的很多行业里都取得了成功。除了从事艺术品的买卖外，他还做过威士忌和牛的生意，从事过无线电广播业、黄金买卖以及慈善事业。有些时候，他就像杂技演员一样，可以同时玩好几个球。

当富兰克林·罗斯福正在逐渐走向白宫总统宝座的时候，哈默虽然关注着自己艺术品的销售，但是他的耳朵却在倾听来自四面八方的消息，他得到一个清晰的信号，就是一旦“新政”得势，禁酒法令便会被废除。为了满足全国对啤酒和威士忌的需要，市场上将需要数以万计的酒桶，而关键问题是当时市场上没有酒桶。

自从1920年美国实行禁酒法以来，市面上很少需要酒桶。但现在情况发生了变化，到处都嚷嚷着要酒桶，特别是需要经过特殊处理的白橡木制成的酒桶。哈默博士非常清楚什么地方可以找到制作这种酒桶用的桶板。

除了俄国还能到哪里去找呢？他曾在俄国住过许多年，清清楚楚地知道他们有什么东西可供出口。他订购了几船桶板，当货轮抵达时，他却发现对方没有按合同供货，他们运来的不是成型的桶板，而是一块块风干的白橡木木料，这些木料需要加工后才能制成桶板。但哈默只是经过短时间的沮丧后，便在俄国货轮靠岸的纽约码头泊位上设立了一个临时性的桶板加工厂。酒桶从生产线上生产出来，恰好赶上废除禁酒法令的好时机，酒厂用高价将所有酒桶抢购一空。

然而他的财富之路也并不是一帆风顺的。当时正赶上二战爆发，全国对酒的需求量很大，使得他所有的酿酒厂在谷物酒开放期间都加班加点地生产，而此时政府却宣布禁止用谷物生产酒。哈默只好改售土豆酒掺和各种牌子酒的混合酒。

但后来政府对用谷物酿酒又开禁了，他的新牌混合酒又卖不出去了。因为顾客要的是名牌纯威士忌，而且是至少窖存4年以上的陈酒。这对他来说又是一个灾难性的时刻。他哥哥哈利的一个电话，和他弟弟维克托采取的与众不同的办法，才使他在灾难中得救。

哈利电话中讲的是酒的价格问题。他刚刚光临过纽约的一家酒店，这使他大开眼界。他在酒店里以典型的维护兄弟利益的态度要买一瓶丹特牌酒。可酒店声称他们不经营这个牌子的酒，实际上在开始时，哈默的这种产品也只限于在肯塔基州和伊利诺伊州出售。于是，哈利要求购买老祖父牌威士忌，价格是一样的，当时卖 7 美元，这种酒也是肯塔基州生产的酸麦芽浆做的。但是服务员并没有给哈利拿老祖父牌威士忌，而是做了一件不同寻常的事情：他把手伸到柜台底下，从下面拿出一瓶 1/5 加仑装的贴有天山牌商标的酒来，他把这种非法生产的私酒满满斟上一杯。“你尝尝这个，”他对哈利说，“我们不能把这酒放在货架上，而把它存放在柜台底下，并且只卖给我们的老顾客。一般要顾客买几瓶别的酒，我们才给他搭一瓶天山牌酒。”

哈利品尝了一下，觉得味道和丹特及其他高级陈年威士忌相差无几。

“你这酒卖多少钱？”哈利问道。

“4.49 美元。”服务员低声说。

哈利立刻给哈默打电话，告诉了他这个消息，这消息就像是一颗在卖酒业里爆炸了的炸弹。也真是巧合，哈默老早就准备在陈年威士忌酒业里做一个大的改变。他已经决心把 1/5 加仑装的 4 年威士忌陈酒的价格每瓶降低到 4.95 美元，这样低的价格至少会使爱喝烈性威士忌的人感到高兴。

当时1/5加仑装每瓶售价7美元，他每年卖2万箱，每箱赚不到20美元。他决定把酒的价格大幅度降低，目的是薄利多销，几年之内把销售量增加到每年100万箱。他的这一决定把那些一心想把哈默排挤出酿酒行业的老资格竞争对手弄得目瞪口呆，非常沮丧。

正在此时，哈利的电话来了，哈利告诉他说当时市场上已经有一种质量相当好的烈性威士忌酒，偷偷摸摸地只卖4.49美元，这个价格是掺有35%谷物酒精的威士忌酒的价格。哈默打电话给他的副总经理库克，这时库克正准备做一场事先商量好的广告宣传。

“把所有的广告都改一下”，哈默指示说，“价格改为4.45美元。”

“那可不行。”库克争辩道。

“谁说不行?”哈默反问。

“我说不行”，库克说，“从来没有人按照混合酒的价格卖过纯威士忌酒，这没有先例。”

“生意经恰恰就在这里”，哈默解释说，“酒客们会自己对自己说：‘嘿，既然我可以用买一瓶混合酒的价格买一瓶纯威士忌，我还买混合酒干什么?’花同样的钱可以喝到真正的陈年老酒，为什么还要去喝含有65%酒精的酒呢?”

就这样，酒瓶上印着凸起字迹“肯塔基威士忌酒的皇冠宝石”的特制丹特牌酒就在全国推销了。而这时，哈默的弟弟维克托又耍了一套富有艺术性的把戏：他用很多哈布斯堡王朝的皇冠和珠宝（后来在哈默艺廊出售），举行了一次巡回展览，他邀请当地的妇女名流在各种义卖集会上戴上这些珠宝进行表演。这实际上是一次为推销丹特牌酒而做的广告。报刊的专栏里出现令人目瞪口呆的画面：奥地利哈布斯堡王室的一只冕状头饰歪戴在只值 4.45 美元的威士忌酒瓶上。

只用了两年工夫，丹特牌酒就从地区性的名牌酒一跃成为流行全美的一流名酒，同时达到了年销售 100 万箱的目标。哈默无疑也成了首屈一指的富翁。

总结起来，哈默的成功依赖于他非凡的胆识和善于捕捉机遇的独到眼光。

要有效地把握机遇

一个摆冷饮摊的贫苦青年人，经过 30 年的奋斗，竟拥有了大小餐馆近 1000 家、员工 3 万多人、年营业额在 4 亿美元左右的大企业，这虽不是空前绝后的成就，但也绝不是每一个人都能轻易做到的。创造这一奇迹的就是梅瑞特公司的创办人——约翰·梅瑞特。从他的创业事例中，你也许可以发现不少“把握机遇”的诀窍。

1927 年 6 月，梅瑞特带着他的新娘来到华盛顿，与他的合伙人开了一家冷饮店。事实上，他的店面是在一家面包店的隔壁，根本不能算是店，只不过是个冷饮摊，而且只卖汽水。

由于全球经济衰退，没多久他们的冷饮店就被迫关门。来来往往人很多，而且他认为不管将来做什么生意，店面位置都十分理想，所以尽管关门歇业了，他还是照样付房租，由此也可以看出他要做生意的决心。

这一天，在晚上即将下班的时候，隔壁面包店的生意特别好，大有应接不暇之势，梅瑞特灵机一动，他与妻子爱丽丝决定再开一家快餐店。他推出的热食品有辣椒红豆、墨西哥薄饼、夹烤肉三明治等，以爱丽丝的制法来说，的确称得上是“秘方”。梅瑞特用标语式的字句渲染之后，就更显得奇妙无比了，这正迎合了美国人喜好新奇的心理。此外，为了突出表现“热”的特色，他煮了一大锅玉米汤，并不时地掀锅盖，热气从锅里涌出来，缭绕在店面上面，给人一种热气腾腾的感觉。尤其在冬天，这种做生意的方式十分吸引人。另外，这种小店，炉灶是跟店面连在一起的，他用白色的漆涂在炉灶上，爱丽丝围了条白色围裙，站在炉边烤肉，还真是一幅很美的画面。

在夫妇二人的合力经营下，小吃店的生意越来越红火，每天都顾客盈门。怀有雄心大略的梅瑞特一看发展的时机来临，立即准备着手扩展。先由妻子亲自主持训练厨师，他自己则一有空闲就到外面去调查，以备将来增设分店。

这时候，美国经济仍在不大景气的阴霾笼罩之下，豪华餐厅不断倒闭，而这种大众化的小吃店却在餐饮界一枝独秀。再加上梅瑞特夫妇经营的小吃店别具特色，生意就更加兴隆了，到了 1932 年，属于梅瑞特公司名下的小吃店就增加到了 7 家。

从事商业活动的经营者，必须时时更新自己的思维和观念，绝不能对日新月异的社会变化产生恐惧，恰恰相反，要准备一套切实可行的应变计划以备不时之需，这样便能够审时度势地把握住生活中那些稍纵即逝的机遇。美国的一位百万富翁有一句名言：“机遇并不会自动地转化为钞票——其中还必须有其他因素。也就是说你必须能够看到它，然后要相信你能抓住它。”

要想有效地把握机遇，必须克服以下障碍：

(1) 回避创造性的工作。一般人会用常规的工作来代替创造性的活动。事实上，他们不厌其烦地接受简单的任务，就是为了避免在发生紧迫问题时出现精神紧张或者情绪紊乱的情况。

(2) 故步自封，犹豫不决。不顾一切地要解决问题，但由于常规思维的阻碍，结果还是于事无补。这种犹豫迟疑的思想倾向是不可取的。

(3) 过分专注和紧张。当一个企业家的思想感情被某一问题纠缠住时，比如他的事业正处于生死攸关的时候，他的头脑可能会突然一片空白。他就会丧失正确观察事物和洞察其关系的能力，从而做出错误的决策或根本想不到任何解决的方法。

(4) 个人素质的障碍。有些人做不出决策只是因为他们觉得没有决策可做。自身能力是阻碍他们发展的主要原因，如智力有限、记忆贫乏、思想僵化以及自身积极性不高等。

克服障碍、把握机遇，才能使机遇真正转化为财富。

第四章　致富需要技巧

掌握获得财富的学问

致富像数学和物理学一样，是一门很有技巧的学问。致富的学问中包含着基本的定律和法则，一旦掌握并遵循了这些法则，就能掌握致富的窍门，财富就离你更近了。只要你这么做了，就会获得意想不到的财富；相反，那些不能掌握这些法则的人，无论他们多么能干和努力，也只是徒劳而已。

下面将从几个不同的角度为你说明这条法则，从中你便能进一步理解它。

（1）致富不依赖于你周围的环境，否则，住在富翁附近的人就会变成大亨。如果环境起决定性作用，那么不是全城皆富，就是全城皆贫。但事实上，即使是比邻而居的两个人，也会处境迥异。同处一地和同操一业的两个人，也有可能一个富裕，一个贫穷。虽然不同环境可能引起不同职业的优劣差别，但是做着同样工作的人，也会有穷有富。所以不同的做事方式是影响贫富不均的一个重要因素。只有按正确方式做事，才有可能致富。

（2）致富跟一个人天赋的高低没有必然联系，而是依赖于他是否能够以正确的方式做事。世界上有许多天资聪颖的穷人，资质平庸的富人也并不鲜见。那些已经富裕起来的人，天资与才学和普通人差不多，只是他们做事的方式不一样。寻常人只要能以正确的方式做事，他们也都会成为富有的人。

（3）能否做一些别人无法做到的事情不是致富的关键。有些职业相同的人几乎做着相同的事情，但有人能够致富，有人却贫困一生。

致富的秘诀到底是什么呢？致富是一个人正确行事的结果，就如同因果相随一般自然，任何人都能做到这一点。致富之道是一门精确的科学，内含严谨的逻辑，但它并非非常难以掌握。

只要你的智力水平和常人一样，就可以掌握并运用它，当然你也要有起码的学习能力和思考能力。虽然环境不是决定性因素，但环境对致富还是有一定影响的。举个例子来说，显然你不要指望在荒芜的撒哈拉沙漠做生意，那里荒无人烟。致富要在人多的地方进行，因为它需要和人打交道。如果人们乐于以你期望的方式进行交易，那么事情就好办得多。环境对致富过程的影响仅此而已。

当然，从事喜欢的行业或是做一份适合自己的工作，更容易使你展示出最佳表现。因此，如果你具有某种才能，那么最好去从事具有相应需求的工作。

致富与你选择什么行业或是职业并无多大关系，各行各业都有富人和穷人，关键在于你是否以正确的方式做事。

（4）资金的多寡不是决定能否致富的关键。当然如果你拥有了一定的资金，致富的实现确实相对容易。但是，致富本来就是由穷变富的过程，一个穷人是不太可能拥有什么资金的。相反，一个拥有资金的人，他最应该考虑的问题是怎样利用资金，而不是如何致富。

无论你现在多么贫穷，即使没有任何资金，致富也不是不可能实现的事，关键是你要按照正确的方式做事。如果你这么做了，总有一天你会拥有资金。其实，获得资金的过程是致富过程的一个环节，也是按照正确方式做事的必然结果之一。

即使你是这个世界上最穷的人，如果你懂得按照正确的方法行事，同样能够致富。你也可以创造奇迹！

将鸡蛋分装在不同的篮子里

有这样一个故事，讲的是有一个非常聪明的农夫要进城，但进城的路非常颠簸难走，他怕鸡蛋被打破，于是将一篮子鸡蛋分装在很多个篮子里。进城之后再打开篮子，发现绝大多数鸡蛋都完好无损。这个小故事告诉我们：就是应该将自己的财富分装在不同的篮子里，把资金投资在不同的领域，以寻求最大的回报。

美国超级富豪霍华·休斯在50年间，个人拥有的财产竟增长了20亿美元以上。他的发达得益于他化整为零的多方面分散经营法。他不把资金和精力集中在一个企业上，而是采取极其分散的经营方式同时经营多个企业。当时许多人都认为这种方式太危险，因为资金太分散，无法兼顾全部事业，有一些事业可能会崩溃。然而休斯认为多种企业同时进行，就能使“平均率”为自己所用，这样，众多企业中总会有一个或几个会成功。那么，总的成功率仍然要高得多。

他在经营休斯机床公司的同时，也投资了好莱坞的几家公司，虽然拍的第一部电影亏了本，但接下来的3部电影却赚取了高额利润，并取得了一家好莱坞制片公司的全部控股权。与此同时，他的注意力又向飞机修理厂转移，进而变成飞机制造厂，后来发展成为休斯航空公司，再后来又变为世界知名的环球航空公司。休斯的成功源自分而治之的制胜之术。

借鸡生蛋

西方生意场上有句名言：聪明的人不会拿自己的钱去发财。

美国富翁马克·哈罗德森曾经说过："别人的钱是我成功的钥匙。把别人的钱和努力结合起来，与你自己的梦想和一套奇特而行之有效的方案相契合，然后你再走上舞台，尽情地指挥你那奇妙的经济管弦乐队。其结果是，你自己认为不过是雕虫小技，或者说不过是借鸡生蛋，然而世人却认为你出奇制胜，大获成功。因为人们根本没有想到能把别人的钱拿来为我所用。"

在现代社会，许多巨额财富都来源于借贷。很多人认为要发大财就得先借贷，没有资本是不可能发财的，而借贷就是行之有效的成功手段。当然，借钱就得付利息，但你不要害怕，因为你利用别人的钱来赚钱，你获得的利润可能比你应付的利息高出很多。

美国船王丹尼尔·洛维格的巨额资产都是借鸡生的"金

蛋”。可以说，他事业的发展与银行有密不可分的关系。

他第一次去银行时，人家看了看他那磨破了的衬衫领子，又见他没有什么可做抵押的，自然就拒绝了他的申请。但他没有泄气，他又来到大通银行，千方百计后总算见到了该银行的总裁。他对总裁说，自己会把买到的货轮改装成油轮，而且已把这艘尚未买下的船租给了一家石油公司。石油公司每月付给的租金，足够偿还银行贷款。他说自己可以把租契交给银行，由银行去跟那家石油公司收租金，这就跟分期付款差不多了。

许多银行都觉得洛维格的想法荒唐可笑，且无信用可言，但大通银行的总裁却不这么认为。他想：洛维格一文不名，也许没有什么信用可言，但是租船的那家石油公司却是可以相信的，拿着他的租契去石油公司按月收钱还是比较稳妥的。

于是洛维格终于贷到了第一笔款。他买下了所要的旧货轮并把它改装成油轮后租了出去。然后又利用这艘船作抵押，借了另一笔款，又买了另一艘船。

这种情形继续了几年，每当一笔贷款付清后他就完全拥有了这条船，租金也不再被银行拿走，而是顺顺当当地进了自己的腰包。长此以往，他有了自己的造船公司。洛维格就是靠着银行贷款取得了事业上的巨大成功。

第三篇　选择财富

第一章　选/择/需/要/发/现

发现你最伟大的力量

有一种伟大而令人震惊的力量蕴藏在你的体内。一旦你充分且恰当地运用了这种力量，它带给你的将是自信而非胆怯，是宁静而非混杂，是处之泰然而非束手无策，是平静而非痛苦。

你一旦意识到这种力量的存在，并着手活用它，你的整个人生将得以改变，并使它演变成你所喜欢的样子。于是，充满忧伤的生活会变得无比快乐，失败也将变为一种幸运。胆怯将被勇往直前取而代之。绝望的生活也会变得趣味盎然。

这种伟大的力量，有多少次从我们眼前经过却没有被辨认出来；这种伟大的力量，有多少次被我们握在手中却又丢掉了。其原因仅仅是因为我们没有认出它，没有意识到它给我们带来的各种财富，没有看到它万能的影响。它就在我们眼前，我们需要做的就是去认知它、运用它。

这种伟大的力量到底是什么呢？在告诉你答案之前，先给你讲述一个发生在非洲的故事。一位探险家来到非洲的荒野之中，他随身带去了一些小饰品，打算作为礼物送给当地土著居民。途中，他把两面镜子分别靠放在两棵树上，然后和他的随从们一边休息，一边谈论一些关于探险的事情。这时，探险家发现，有一个土著人正手执长矛向镜子走来，当土著人看到自己在镜子里时，便挥矛朝镜子刺去，仿佛镜子里的影子是他的敌人一样。结果这面镜子被他击碎了。这时，探险家走到土著人身边，问他打碎镜子的原因。这个土著人竟然理直气壮地说："既然他要杀我，我就先下手为强。"于是，探险家向他解释说，镜子里的人并不会杀他，并带他来到第二面镜子前。他对土著人说："你看，通过这面镜子你能看到自己的头发是否梳直了，自己脸上的油彩是否合适，自己的胸部有多强壮，肌肉有多发达。"土著人一脸茫然地点着头。

数以万计的人的情形都和这个土著人相似。他们一生与生活抗争，他们认为在生命的任何一个转折点上都将有一场战斗。他们估计会有敌人，而且果真与敌人撞了个正着。他们预计会困难重重，结果确实是事事都不尽如人意。"假如不这样发展，它就会那样展开，总之，一定会发生些什么"，对于千千万万没有认识到这种伟大力量的人而言，事情的过去、现在、未来都是一个样。这是因为这种伟大的力量是潜伏着的。数以万计的人一直过着平庸的生活，其原因是他们没有意识到自己具有一种伟大的力量，更谈不上使用它。我们不是要与生活为敌，而是要必须充分理解生活。当然，充分理解生活的前提是我们要充分利用生活，做出正确的选择。

我们每个人都能够运用它，并不需要受特殊的教育和训练。因为它并不是一种必须具备特殊天资才能成功运用的能力，也不是一种极小部分人特有的能力。你无须用任何财产或权威来利用它。它是一种每个人与生俱来的能力，无论贫富，无论成败，你都具有这种能力。这种能力我们认识得越早，就能越快地运用它。相对地，正确运用这种能力的人越多，在另外一些人心中萌生的希望也就越大。随之，他们也会按照这种健康的生活方式生活下去。

很多人都没有注意到，当他们在鞋店买鞋时，他们可以选择买一双黑色的鞋，也可以选择买一双棕色的鞋；当他们在服装店买衣服时，他们可以要一件浅色的外套，也可以要一件深色的外套；当他们听收音机时，他们可以把频率调到这个台，也可以调到那个台；当他们喝冷饮时，他们可以吃一个巧克力脆皮，也可以喝一杯凤梨汁；当他们想到电影院看电影时，他们可以选择去附近的一家电影院，也可以选择去闹市中心的电影院。是的，只要你做出某一选择，其结果也就随之确定了，当你准备买一辆小轿车时，你可以选择这个牌子的车，也可以选择那个牌子的车。换言之，一个人所具有的最伟大的力量就是选择的力量。

从容面对人生的选择

有一首歌中唱道："曾经在幽幽暗暗反反复复中追问，才知道平平淡淡从从容容才是真。"

面对人生，就让我们以舒缓的心境，从容地进行选择，选择一种气度，选择一种风范，选择一种壮美。

据说古罗马有个皇帝，常派人观察那些第二天就要被送上竞技场与猛兽空手搏斗的死刑犯，看他们在死亡的前一夜是怎样度过的，结果发现凄凄惶惶的犯人中居然有能呼呼大睡且面不改色的人。皇帝于是派人偷偷释放掉这些人，并且将他们经过训练培养成能征善战的猛将。

无独有偶，中国古代也有个君王，在接见刚刚上任的大臣时，总是故意让他们在外面等待，迟迟不予理睬，但他在暗中观察这些人的表现，并对那些悠然自得、毫无焦躁之容的大臣刮目相看。

一个人的胸怀、气度、风范，可以从细微之处表现出来。或许，古罗马的那位皇帝以及中国的那位君王之所以对死囚或新臣委以重任，就是因为从他们细微的动作、情态中看到了那份处变不惊、遇事不乱的从容。

喜欢看战争片或灾难片的人，都会折服于影片中主人公面对极度危险、十万火急的非常时刻所表现出的那种沉稳、坚毅和从容自若。从容是严冬中挺拔的傲松，“大雪压青松，青松挺且直”（陈毅《冬夜杂咏》）；从容是刑枷下的义士，“我自横刀向天笑，去留肝胆两昆仑”（清·谭嗣同《狱中题壁》）；从容是声色利诱下的智者，“非淡泊无以明志，非宁静无以致远”（三国·诸葛亮《诫子书》）。从容，是一种理性，一种坚韧，一种气度，一种风范。拥有从容，才能临危不乱；拥有从容，才能举止若定；拥有从容，才能化险为夷。三国故事里，诸葛亮以“空城计”击退司马懿数十万大军，他那过人的胆略和超乎寻常的从容被传为千古佳话。我们只有从容地面对人生选择，才能懂得生存的真谛。

在瞬息万变、诱惑四伏的现实社会里，人们更需要保持一种平淡沉稳、从容自若的心态。远离浮躁，从容选择，是现代人适应社会生活的基本要求。某公司总裁的用人之道别具一格，他往往在公司职员没有任何思想准备的情况下降低他们的职位。那些怨天尤人、灰心丧气者被淘汰，而处变不惊、从容应对者最后都被迅速提拔重用。逆境，或者突如其来的变故与危机，都是很好的试金石，能清楚地鉴别出一个人素质的优劣、强弱。甚至那些养鸟的行家在选鸟的时候，都要故意去惊吓那些鸟，那种受一点惊吓就乱成一团的鸟绝不是理想的选择对象。

只有从容地面对人生的选择，我们才能不断地摆脱困境，最终获得人生的幸福美满。

第二章 选择握在你手

选择的权利就握在你手中

在有限的生命中，上苍赋予我们许多宝贵的礼物，其中之一就是“选择的权利”。

既然有“选择的权利”，我们就有权利思考、行动。一般人总以为只有在决策时才需要选择，但是实际上，我们所做的每件事情都是一种选择。

日常生活中使我们压力倍增的事情不胜枚举，其中，失去控制力就是最令人头痛的一项。正是因为我们拥有选择的权利，我们才能感到自己拥有控制力，要是有人剥夺了我们这项权利，我们便不能自主地思考、行动。

因此，假如你也有过丧失控制力的感觉，那么你首先需要自省一下，自己是不是了解自己拥有的选择权利？是否充分运用了自己拥有的选择权利？

想要对自己好一点，就要学会善于运用你的选择权，只有这样，才能减少压迫感。虽然我们并不能完全掌控自己的命运，但至少应该充分掌握选择的权利。若抉择之后，又全力以赴，成败就不必计较了。

学会选择，不要被他人所左右

学会选择，不要被他人的意见左右自己前进的方向。追随你的热情，追随你的心灵，它们将带你到你想要去的地方。

世界第一名女性打击乐独奏家伊芙琳·格兰妮说："从一开始我就决定，一定不要让其他人的观点阻挡我成为一名音乐家，我对音乐的热情不会受任何的影响。"

她成长在苏格兰东北部的一个农场，8 岁开始学习钢琴。随着年龄的增长，她对音乐的热情与日俱增。但不幸的是，她的听力却在渐渐地下降，医生确诊她听力的衰退是由于神经损伤造成的，而且这种损伤是难以康复的，并且还断定到 12 岁时，她将彻底失聪。可是，医生的诊断并没有阻碍她对音乐的热爱。

她的理想是成为打击乐独奏家，但在当时并没有这类音乐家。为了演奏，她学会了用不同的方法"聆听"音乐。她只穿着长袜演奏，这样她就能通过她的身体和想象感觉到每个音符的振动，她几乎调动了她所有的感觉器官来感受着她的整个声音世界。

她决心成为一名音乐家，而不是一名失聪的音乐家，于是她向伦敦著名的皇家音乐学院提出了申请。

因为过去从未有过先例，所以一些老师反对接收她入学。但是在面试时，她的演奏征服了所有老师，她不但顺利入学，还在毕业时获得了学院的最高荣誉奖。

从那以后，她就致力于成为第一位专职的打击乐独奏家。因为那时几乎没有专为打击乐而谱写的乐谱，她就自己为打击乐独奏谱写和改编了很多乐章。

格兰妮一直坚持她自己的选择，并没有因为医生的诊断而放弃追求。最终，她凭借着热情和信心取得了成功，最终实现了她的理想，成为世界上第一位专职的打击乐独奏家。

别选择烦恼

有这样一则民间故事：

一位老太太的两个女儿都出嫁了。大女儿嫁给了雨伞商，小女儿嫁给了布鞋商。天晴时，老太太发愁：大女儿家的雨伞没销路，日子怎么过？下雨时，老太太也发愁：小女儿家的布鞋卖不出去，一家人怎么活？可这天空不是晴就是雨，于是老太太就天天愁，月月愁，年年愁。

村里有位年轻人好心劝老人说："你应该反过来想想，天晴时想，小女儿可好了，这天气布鞋好卖；下雨时想，大女儿可好了，这天气雨伞热销。"老太太顿然释怀。这以后，老太太天天乐，月月乐，年年乐，日子过得很舒心。

由此可见，选择的角度不同，对问题的看法就会相差很远。当生活中的困难和挫折摆在我们面前时，只要我们不局限于传统习惯，换个角度看待问题，便会产生截然不同的结果。

在现实生活中，许多因素诸如生活的压力、事业的艰辛、家庭的矛盾等，都很容易引起人们心理和情绪上的起伏和波动，不免给人们带来烦恼与困惑。一个人不管遇到多大的挫折，都不要忘了追求快乐，要给自己选择一个良好的心境。一个人心情舒畅时，许多问题也就迎刃而解了。消极的人会对所有的人和事感到厌烦，这将使他的思维变得迟钝。由此可见，快乐的心境对每个人而言是多么重要。

对事物的看法没有绝对的对错之分，但有积极与消极之分，每个人都要为自己的观点承担责任。消极思维者永远消极地看待一切事物，并且总能为自己找到抱怨的借口，最终得到了消极的结果。接下来，消极的结果又会使他消极的情绪加强，从而使他成为更加消极的思想者，如此形成恶性循环。正如叔本华所言："人并不受事物本身的影响，人们是受到对事物看法的影响。"我们不能改变环境，但我们可以改变自己对周围环境的态度。我们不可以改变自己的容貌，但可以展现笑容；我们不能控制他人，但可以掌握自己；我们不能预知明天，但可以利用好今天；我们不可能每战必胜，但可以尽心尽力。只要我们选择积极的思维，就能够抛却烦恼，从而收获意想不到的结果。

第三章　选择的重要性

选择具有神奇的力量

无论你身处何地，你都具备选择的力量。你能选择鞋、服装、广播节目、电影、汽车、伴侣等。你有这种能力，外界力量便不能迫使你做出决定。你做了决定是因为你做出了选择。你做出了这样的选择，因为你希望它会像你选择的这样。

在这个世界上，只有我们自己错误的选择才会主动伤害我们。如果我们选择吃得太多并因此生病的话，该怪谁呢？如果我们选择快速开车以至于出了车祸的话，该怪谁呢？如果我们选择使自己性格龌龊，因而令人讨厌，该怪谁呢？如果我们要把钱带进棺材，拼了命地去赚钱，成为“坟墓中最富有的人”，该怪谁呢？如果我们没有学会怎样生活，该怪谁呢？我们不能责怪任何人。这都是由于我们没有正确地运用选择的力量，才伤害了自己。

不是这样吗？你的人生由你自己决定，你事业的成败也完全由你自己决定。当你认真地做出一个崭新且坚定不移的决定时，你的人生在那一刻便会改变。有了决定就可以解决问题，有了决定便能使无穷的机会与快乐接踵而至，有了决定就能使事业成功，它是一种化梦幻为实际的神奇力量，是使无形转变为有形的催化剂。

当你明白了决定的意义时，便会知道自己身上早已蕴藏着这种力量，它不是有权有势的人的专利，它属于所有的人。只要你敢于坚持自己的主见，当你手握此书时就能获得这种力量。请问你今天是否愿意为自己的未来做出决定？

艾德是一个很“平凡”的人，他 14 岁时因感染小儿麻痹症致使头部以下瘫痪，必须靠轮椅才能行动，但他却因此而有了“不平凡”的成就。他白天依靠一个呼吸设备才得以过正常人的生活，但晚上则依赖他的“铁肺”维持生命。得病之后他曾几次差点丧命，可是他从不为自己的不幸命运而伤心难过，反而期望有朝一日能帮助那些与他有相同病症的患者。

你知道他是怎么做的吗？他决定教育大众，不要以高高在上的态度认为肢体残疾的人一无是处，而应理解他们，顾及他们生活中的不便之处。在他十余年的推动下，美国社会终于开始关注残疾人的权利，几乎所有公共场所的设施都设有轮椅专用的上下斜道，有残疾人专用的停车位，有帮助残疾人行动的扶手等，这都是艾德的功劳。艾德是美国第一个重视残疾而毕业于加州大学柏克莱分校的高才生，随后他担任加州州政府复健部门的主管，是第一位担任公职的严重残疾人士。

艾德的事迹，说明了肢体上的不便并不能限制一个人的发展，重要的是他是否决定要结束这样的不便。他的一切行动只不过源于一个单纯的决定，如果换成是你，你会为自己的人生做出什么样的决定呢？

很多人或许会说："好吧，我也愿意为将来做个决定，问题是我不知道该怎样做决定。"只因为不知道方法便不敢做决定，往往会使你失去实现梦想的机会，从而导致平淡无奇的一生。在此请你记住，不知道怎么做决定并不重要，重要的是你要决心找出一个办法来。只要你做出选择，你便会发现，神奇的力量会随之而来。

选择决定人生

选择伴随着我们的一生，也决定了我们一生的成败和优劣。选择是我们的身影，是竖立在我们人生道路上的指向灯。

人生哲学研究表明，出身不是很重要，因为它是偶然发生的、不可选择的。人生的真正起点是开始主动选择。唯有主动选择才能发现“自我”，有你的“自我表现”机会，你才能成为你自己的主体。

贝多芬就公开藐视家庭出身，高度赞美选择。他认为，公爵能够身世显赫，仅仅是由于出身，而这一点纯属是偶然因素造成的，但贝多芬之所以成为贝多芬，是依靠他自身的主动选择，全在于他自己的坚强意志和努力奋斗。

在我们的一生中，事业和爱情的选择会决定我们一生的成败。所谓命运的选择，也就是事业和爱情的选择。

在我们的一生中，事业的选择并不是一锤定音。第一次选择当然最重要。高中毕业时我们一般会做出第一次重要选择。当你既酷爱钢琴又迷恋于物理学，在报考音乐学院和物理系之间做决定性选择的时候，你一定深感痛苦。因为你两样都爱，绝不甘心放弃其中一样。最好的选择方案可能是读物理系，把钢琴作为业余爱好，让音乐带给你安慰，成为你终生快乐的源泉。即便进了大学物理系，也会面临着选择。例如，到底是选择理论物理还是选择实验物理？也许最富有戏剧性的选择是当你读到三年级的时候，诗歌和小说创作激发了你极大的兴趣。这种兴趣竟超越了物理学。你要在文学和物理学之间做一个新的选择，这时需要极大的勇气，因为外界舆论与环境会给你带来极大的压力。

倾听你内心的声音，新的选择会使你不断“发现自己”。

人生的一大悲哀，莫过于让别人替自己选择。那样人就会变成被人操纵的机器。掌握自己的命运，要靠自己正确的选择。成功的选择造就成功的人生，似乎已成为人生中不变的一条定理。

人生选择的关键时期是青年时期，一个人今后从事哪种职业，会走什么样的道路，其多半在这期间即已确定。当然也有例外。但无论如何，一个人在青年时期所做的选择，尤其是内心的选择，无疑将影响其终身。选择是自由的，但同时也令人备受煎熬。对那些聪明能干、具有多种潜能的人来说，目标不明、举棋不定的痛苦尤为深刻、强烈，因此选择须是明确而果断的。心理上稍有怯懦就会使今后的人生之路荆棘遍布，而一旦克服了这种软弱，也许对将来的发展会有意想不到的影响。这方面的一个典型人物就是率先打破音乐与绘画界限的德国表现主义画家克利。

克利（1879—1940）出生于欧洲的“花园之国”瑞士。他的父亲是音乐教授，母亲是歌唱家，父母都从事音乐方面的工作。克利从小就喜欢音乐、绘画和文学。他具有很高的艺术天赋。11 岁时，克利就被特邀演奏巴赫的作品，成了颇有名气的小提琴手。克利在音乐上的发展明显比他在其他艺术领域要快得多。然而，令人没有想到的是，他对绘画却像着了魔一般，狂热地喜爱上了。克利想，音乐的伟大时代已经过去了，绘画的伟大时代才刚刚拉开序幕，新的艺术语言将首先从现代绘画中产生。克利不肯放弃绘画。18 岁时，也就是在他大学预科班学习的那段时间，克利出众的才华在诗歌创作方面也显现出来。对他来说，要成为一名领衔的诗人或作家是完全有可能的。丰富的艺术才华，对克利来说可能太多了。究竟该选择哪一条道路，克利感到惶惑、痛苦，不知如何是好。

克利并不是人云亦云、胆小怯懦的人。他一边学习音乐，一边一刻不停地钻研绘画艺术。预科班结束后，克利不顾家人的反对进了慕尼黑皇家学院学习绘画。他怀着满腔热情去探索如何将音乐与绘画沟通。克利发现，音乐诉诸听觉，绘画诉诸视觉，两者差异太大了，根本就没有沟通的可能。而德国的古典音乐和德国现代绘画之间几乎没有什么一致的地方。克利感到困惑不解。

大学毕业后，克利感到无法走出精神的困惑，便离开了德国，去意大利旅游。他想从现实中逃避，安静地考虑一下。在意大利期间，他不断反省，感觉自己还是在音乐方面最有天分。这个想法对他来说是个安慰。回国后，克利放弃了绘画，全身心地投入到音乐之中，他先后担任了波恩和苏黎世管弦乐团的第一小提琴手，在音乐上获得了一系列成功。27 岁那年，他和一位音乐家结为夫妇。在音乐这条路上，克利一切都很顺利。从这儿看来他的道路似乎已经固定了。然而，就在他的音乐生涯走向黄金时代的时刻，就在他即将要完全离开画坛的时候，就在他的音乐事务最繁忙的那些日子里，克利忽然看到了音乐与绘画连接处的一线亮光。克利发现，声音是音乐的基本元素，色彩是绘画的基本元素。声音与色彩，两者从表面上看毫不相关，但本质却是一致的。

克利毅然决然地中止了他的音乐之路，全心全意地投入到音乐与绘画的理论研究中。他进一步发现，音乐与绘画在节奏上是相通的。绘画的色彩中蕴含着明晰的音乐性，而音乐的声响中也有绘画的色彩感，绘画的音乐性表现在绘画色彩的节奏上，音乐的节奏感也表现出音乐的色彩感。克利终于找到了连接音乐与绘画这两门艺术的关键点，那就是节奏。他开始深入研究塞尚和康定斯基的绘画理论，开始建构一种崭新的绘画语言。由于看到了两门艺术相互融合的光明前景，克利重新拿起画笔，开始了极富诗意和音乐性的绘画创作。经过十多年的摸索，克利终于找到了一条独特的艺术创造道路，开拓了现代绘画的世界，成为表现主义绘画的开山鼻祖。

你看，选择的力量结出了奇异的艺术花朵。在人生中我们每个人都会面临很多选择，好好把握你的人生吧，牢牢抓住选择的机遇，你的生命就会因此而开出美丽的花朵，结出丰硕的果实。

选择比什么都重要

当我们慢慢长大、成熟，会逐渐通过选择来发现和体会到我们不曾发现的真情与关爱。

在乔治的记忆中，父亲一直就是瘸着一条腿走路的，除此之外他的一切都平淡无奇。所以，他总是想，母亲怎么会嫁给这样一个人呢?

一次，市里举行中学生篮球比赛。他担任队里的主力。乔治告诉母亲他希望母亲能陪他同去。母亲笑着对乔治说："那当然。你就是不说，我和你爸爸也会去的。"乔治听罢摇了摇头，说："我不是说爸爸，我只希望你去。"母亲惊奇地问他为什么，他勉强地笑了笑，说："我总认为，一个残疾人站在场边，整场比赛的气氛就变了。"母亲叹了一口气，说："你是嫌弃你的父亲了?"正在这时父亲走过来说："这些天我得出差，有什么事。你们商量着去做就行了。"

比赛结束了，乔治所在的队得了冠军。在回家的路上，母亲高兴地对乔治说："要是你父亲知道了这个消息，他一定会高兴得唱起歌来。"乔治沉下了脸，说："妈妈，我们现在不提他好不好?"母亲无法接受乔治的态度，生气地说道："你必须要告诉我这是为什么。"乔治满不在乎地笑了笑，说："不为什么，就是不想在这时提到他。"母亲的脸色凝重起来，说："孩子，我本不想说这些话，可是，我再隐瞒下去，你爸爸就有可能受到伤害。你知道你爸爸的腿是怎么瘸的吗?"乔治摇了摇头，说："我不知道。"母亲说："在你两岁那年。你爸爸带你去花园里玩，在回家的路上，你左奔右跑。忽然，一辆汽车急驰而来，爸爸为了不让你被汽车撞到，左腿被碾在了车轮下。"乔治顿时呆住了，说："这怎么可能呢?"母亲说："这有什么不可能的? 不过这些年你爸爸不让我告诉你罢了。"

两人慢慢地走着。母亲说："有件事可能你还不知道，你爸爸就是你最喜欢的作家布莱特。"乔治惊讶地蹦了起来，说："你说什么? 我不信!"母亲说："我怎么会骗你呢，你爸爸也不让我告诉你。你不信可以去问你的老师。"乔治急忙跑到学校找老师问个究竟。老师面对他的疑问，笑了笑，说："这都是真的。你爸爸之所以不让我们告诉你这些事情，是怕影响你的成长。但现在你既然知道了，那我就不妨告诉你，你爸爸是一个伟大的人。”

两天以后，父亲回来，乔治问父亲：“你就是那位大名鼎鼎的作家布莱特吗？”父亲愣了一下，然后笑道：“我是写小说的布莱特。”乔治拿出一本书来，说：“那你先给我签个名吧！”父亲看了他片刻，然后拿起笔来，在扉页上写道：“赠乔治，其实选择比什么都重要。布莱特。”

多年以后，乔治成为了一名出色的记者。

每当有人让乔治介绍自己的成功历程时，他就会重复父亲的那句话：其实选择比什么都重要。

第四章 选择你的财富

财富源于选择

任何人都渴望拥有财富，谁都渴望有朝一日可以对自己说："现在，我再也不用为没钱担心了。"于是，人们就制订了很多的计划与方案，都想尝试运用不同方法走上富裕之路，但这些努力往往最终都没有换来成功。最后，他们全都丧失了信心，认为自己根本没有发家致富的能力，不可能坐到那个令人羡慕甚至嫉妒的位置上。其实他们失败的关键在于，他们虽然尝试了各种各样的方法，但就是没有尝试改变自己的思维，而改变思维恰恰是通向成功的唯一途径。

200 多年前，有个聪明的人熟知蒸汽机的广泛用途。当他看到密歇根州的小麦和牧草白白烂在地里时，他便将蒸汽机与磨面机有机地结合在一起。机器依然像以往那样"隆隆"地吼叫着，运转着，但是却使得密歇根州开始向饥饿的纽约和英国提供面粉。

厚厚的煤层自洪荒以来一直被埋在地底下，直到有人用镐头和绞车从地下将煤挖出来。从此它便作为一种可以转移的气候，即使在拉布拉多和极地也能让人感受到赤道的热量，因为每一筐煤炭都蕴藏着能量和文明，于是我们称它为“黑钻石”。自从瓦特和斯蒂文森发现每半盎司煤炭即可把两吨货物牵引 1 英里后，以煤运煤的火车和轮船很快就使冰天雪地的加拿大变得像加尔各答一样温暖宜人，随之改变的便是当地工业的实力。

当贩夫把南方的水果运到北方的城镇时，水果的价值比那些没有商品化的水果价值增加了 100 倍。商人知道把货物从盛产之地运送到它稀缺的地方，以此来实现供需平衡，便能更多地增加价值。

通过正确运用这种选择的无穷力量，你一定能够很快地改善自己不理想的财政状况。但是只有极少数人才懂得如何正确运用这种巨大的力量。

财富积累的好处在日常生活中随处可见，当你拥有结实的屋顶，它能够抵挡风雨的侵袭；当你打了一眼水井，它能为人们提供大量清甜的井水；当你置备两套外衣，便可以在汗湿之后及时更换；当你有电灯照明，有一日三餐充饥，有工具劳动，有可读的图书，有一辆汽车载你穿过大地，甚至有一条船去航海，当你拥有这些工具后，你能使自己各个方面的力量得到加强，这就等于为你增添了手脚、眼睛、血液、时间以及知识。圣人之所以为圣，是善假于物的结果。

要使自己拥有财富的思维

假如我们能使自己关于经济状况的思维得到扭转的话，那么其他方面的变化也会随之出现。所以，我们应该去选择有意义的、健康的财富思维。

通过正确使用选择这种伟大的力量，你一定能改变自己的财富状况。许多人都没有正确地使用这种力量，从而导致他们成为自己所追求的那种东西的奴隶。

曾经有个青年，他生活艰难得如同在苦海中挣扎。很长一段时间他都找不到工作，最后，他找到一份一点都不值得骄傲的工作。这个青年已经结婚并有了一个孩子，但他只能按捺住理想说："我不想挣大钱。"每一天，他都把省吃俭用的钱存起来，以便他的孩子长大后可以去读书。他放弃去繁华市中心看电影的机会而选择看街道放映的露天电影，因为这样他能节省 2 角 5 分钱；他从不去好一点的饭店吃饭，因为那里的花费比较贵；他买东西时，只挑全家的东西买；因为他没有钱，所以不能带家人外出度假。但他还是按捺住理想说：“我不想挣大钱。”

由此观之，对数以万计深陷贫困苦海而不能自拔的人，你还会感到奇怪吗？他们选择让自己继续在贫困中生活，但却浑然不知。他们未曾体验过选择的巨大力量。他们宁愿归于贫困，因为从来没有人会因为生活节俭而被别人指责。很多人只能精打细算地过日子，否则他们就无法继续生存。这些人完全可以选择这种巨大的力量，他们本可以让自己的大脑充满生活的美好。

但是，我们每天都会听到抱怨的声音：“我很想买那件东西，但我没有钱。”“我没有钱”这可能是事实，但不能将这事实说出口，假如你继续说“我没有钱”，那么，“没有钱”将会伴你一辈子。选择一种上进的思想，例如，“我得买下它，我要拥有它”。当要拥有它的思想出现在你的脑海时，你的生活就出现了希望。千万不要毁灭自己的希望。假如你毁灭了它，自己就会陷入无聊、困惑、失望的生活中去。

杰姆是一位十分能干的年轻人，他能把任何事情做得很好，但他却不能挣到一点儿钱。人们都不明白这到底是怎么回事：杰姆很有上进心，长相也不错，很讨人喜欢，无奈他一年又一年的奋斗都是徒劳。他一点钱也挣不到。后来，杰姆请求一位智者为他指出问题的所在。他对智者说：“我能做好任何事情，除了挣钱之外。”智者为他指点了迷津，他开始明白，其实问题很简单，只不过是自己对关于赚钱的思维选择不对，一切就因此都改变了。他不再说：“我能做好任何事情，除了挣钱。”他开始说：“我能做好任何事情，包括挣钱。”以后的几年里，年轻人的财务状况发生了明显的改变，他开始赚到钱，他的经济状况日新月异。现在，人们都认为他已经是个富翁了。这个年轻人本来很有可能终身面临一个困惑，即自己为什么能做好任何事情却赚不到钱。但他一旦明白这一切都是因为自己选择了错误的想法后，他立即积极地改变了这种想法，于是，他的经济状况开始朝好的方向发展。

选择的力量能够给人带来更好、更有效的致富方法。

对于财富也要懂得放弃

对于饥饿的人来说，选择财富可以拯救生命；对于贪婪的人来说，选择财富无异于自杀。

有这样一个很有哲理的传说故事：

一个穷人住在一间破败不堪的屋子里，他穷得连床都没有，只好躺在一张长凳上。

穷人自言自语地说："我真想发财呀，如果我发了财，绝不会吝惜钱财。"

这时候，上帝在穷人的身旁出现了，说道："好吧，那我就实现你的愿望，我会给你一个有魔力的钱袋。这钱袋里永远有一块金币，这块金币永远也拿不完。但是，你要记住，在你觉得你拥有了够多的金钱时，要把钱袋扔掉才可以开始花钱。"

说完，上帝就不见了。在穷人的身边，装着一枚金币的钱袋真的出现了。穷人把那块金币拿出来，里面又有了一块。于是，穷人不停地从里面拿出金币来。穷人一直拿了整整一个晚上，金币已有一大堆了。他想：啊，这些钱足够我花一辈子了。

到了第二天，他很饿，很想去买面包吃。但是，他必须扔掉那个钱袋才能花钱。于是，他拎着钱袋向河边走去。

他又开始从钱袋里往外拿钱。他一想到要把钱袋扔掉时，就觉得钱不够多。

日子一天天过去了，穷人完全可以去吃最奢侈的大餐、住最昂贵的房子、买最豪华的汽车了。可是，他对自己说："还是等钱再多一些吧。"

他不吃不喝地拿，金币已经快堆满一屋子了。然而他却变得弱不禁风，头发也全白了，脸色蜡黄。

他虚弱地说："我怎么能扔掉这个宝贝呢，金币还在源源不断地出来啊！"

终于，他倒了下去，死在了长凳上。

这个故事告诉我们：金钱并不是万能的，只有当人们能够合理地利用它时，它才会造福于人类，否则，一时的贪心可能导致人财两空。因此，如果我们要拥有财富，首先就要懂得放弃财富！

第五章　选择你的环境

选择你的人生环境

每个人一出生就会生活在前人创造出来的社会环境中。对于这种既成事实，人们是无法选择的。人们面临的社会环境有大小之分，社会大环境是指整个社会环境及其发展趋势、水平、性质和状态。人与社会大环境的关系极为密切，人只能在一定的社会大环境范围内活动，但这并不是说人只能消极地适应社会大环境。在一定程度上人可以改变社会大环境，并对社会大环境加以创造和发展。

马丁·科尔在其著作中详细论述了社会小环境。社会小环境是指个人直接接触的生活范围，如家庭、学校、住区、单位及社交活动的范围等。社会小环境对人具有显著影响，个人离不开社会小环境。在社会小环境内，家庭成员的思想、政治观点、道德文化水平及经济生活水平，学校的教育教学水平、学风、校风、班风的情况，单位的文明建设、科技教育、政策措施、组成人员、物质条件、居住环境的风气，以及个人接触的社会成员等，都在不同程度上直接或间接地影响着个人的一生，社会小环境对个人的影响集中表现在人的社会化过程中。

家庭是个人所接触的第一个社会小环境，家庭是人生的起点和归宿。个人在生理成长、心理发展以及生活技能的学习和积累上，都离不开家庭。家庭是指导儿童踏上生活之路的第一所学校；家庭中的一切物品是孩子面临的第一个世界；家庭中的欢声笑语、悲啼哭泣，是孩子听到的最初的声音；家庭中的父母兄妹，是孩子接触的第一个群体；家庭中的一言一行是孩子学习的第一个典范。所以，家庭对儿童具有重要的教育职能，家庭教育的优劣往往影响人的一生。家庭不仅有教育的职能，而且可以给人带来温暖，可以给人以心理上和精神上的满足。

学校是人社会化的重要场所，是对个人产生重要影响的社会小环境。学校能有目的、有系统、有组织地对人进行社会化。学校不仅传授学生文化知识，而且教导学生自觉遵守行为规范。后者是社会化的一个重要内容。学校的作用之一就是要让学生学习各种类型的社会行为规范，使学生在自己的一生中都能自觉地遵守。在人生的整个过程中，大部分行为规范都是在学校中学到的。

此外，一个人所接触的社会成员也会对一个人产生很大影响。所谓“近朱者赤，近墨者黑”，与生活的强者来往你将获得力量，与品德高尚的人来往你将获得高尚精神，与学者来往你将获得知识，与正直者来往你将获得勇气，与聪明者来往你将获得智慧。相反，与市侩来往你得到的是庸俗，与无为者来往你得到的是消沉，与强盗来往你得到的是残忍和肮脏。总之，与高尚的人来往你将得到真善美，与丑恶的人来往你会得到假恶丑。

社会小环境不仅会影响人的社会化，还会影响人的个性发展。社会化对于个人来说，既是发展人的社会性的过程，也是完善人的个性的过程。人的个性是在社会化的过程中形成的。通过社会化，人们学习基本的生活技能，养成一定的生活习惯，接受社会的生活目标和社会规范，确立一定的世界观、人生观、价值观。在社会化过程中，人们直接参与社会生活，逐渐地形成一定的兴趣、能力、性格。人的个性受先天素质、个人经历、家庭背景、学校教育等因素影响，同时社会大环境也会影响人的个性发展。在人的继续社会化和强制教育的再社会化的过程中，人的个性受社会环境的影响更大，而社会小环境对人的个性的影响则更具体一些。

马丁·科尔认为，社会大环境与社会小环境共同构成了个人成长必需的环境，个人受人生环境的影响和制约，但是个人也不是完全消极地适应人生环境，而是能够能动地反作用于人生环境。总之，每个人都是自己的主人，都应当以主人的姿态去选择、去影响、去改变自己的人生环境。

选择你的工作环境

想提高工作效率，就必须选择比较舒适的工作环境。

光线不充足，会直接影响工作效率。尽管你头脑清晰，但如果眼睛疲劳，效率一样不高。

不光是照明设备，你周围所有的环境，都会影响到你的感觉及心理反应。譬如，工作场所的墙壁不适合漆上刺眼的红色。当然，太暗的颜色也不好，具有安定情绪的颜色是最佳选择。有人认为，淡青、淡蓝之类冷色系的环境适合脑力工作，不过，冷色系容易让人感到沉重和压抑。例如，整面白苍苍的墙壁容易让人联想到医院，感觉不太好，同时也会因眼睛受到刺激而感到疲劳，所以柔和的肉色系，令人感觉上较为舒服。当然具体选用什么颜色也要看个人喜好。

选择合适的工作场所对提高工作效率也有重要影响。

工作内容不同，工作场所自然不同。譬如，需要参考许多资料的工作，工作者身边自然就要有随手可得的参考资料。否则，缺乏参考资料，即使再认真，一样不会提高效率。这个道理虽然人人都懂，但奇怪的是，仍然有很多人视而不见，净做些没有效率的事情。

有很多作家喜欢将自己关在饭店或旅馆内写稿。如果把必备资料带齐，由于在旅馆内不受干扰，可以长时间埋头苦干，自然就可以提高工作效率。

但并不是所有的工作都能在旅馆里面完成。因为，办公室或家里的参考文件及资料，不可能全部搬到旅馆里面。所以，即使住进旅馆可以远离噪声，但仍然要分清楚什么事可以在旅馆做，什么事不能。

反过来说，如果已确定投宿旅馆，可以事先做好准备工作。

总之，任何一个工作环境都有其特定的性质，我们必须事先了解工作环境的特质，然后根据所要完成工作的性质，去选择自己的工作环境，这样才能有效地提高工作效率。

我们不可以控制环境，但可以控制想法

每个人都生活在这个社会环境中。外部环境有时对我们有利，有时对我们不利。有的人甚至在情况好的时候都生活不下去，更不要说情况糟的时候了。之所以会有这样的感觉，是因为他们没有运用最伟大的力量——选择的力量。当困难到来的时候，许多人心中充满了失望与怯懦，他们习惯性地向后退缩，等着别人采取措施来改变这种状况。而另一部分人则会运用选择的力量，这种人即使身处逆境也有可能走上成功之路。许多最伟大的事业都是在所谓的困难时期开始并建立起来的。为什么呢？原因是这些事业的开创者不相信所谓的困难，在他们眼里，敌人只有自己，无论如何他们总是克服自己，逼迫自己朝前走，最终他们成功了。在困难时期，我们也会遇到很多有利条件，而这些有利条件即使是在境遇较好时也不一定能遇到，如企业初创阶段所需要的资金较少，或是很容易就可以找到帮手，费用也不高，或是竞争不是那么激烈。而这些往往都被那些悲观者忽视。

每个人都懂得自己不能控制周围的环境，除非你正好做了政府的首脑，如果你在政界身处领导者的地位，你也许可以发号施令，对周围的环境进行有效的控制。我们虽然控制不了环境，但我们能够控制自己内心的想法，通过运用选择的力量对自己内心的想法进行控制，我们可以对周围的环境进行间接的控制。

罗桑不但是一名著名的工程师，还是英国伟大的科学家之一。在他著的《生活理解》一书中，一则关于英国军团的故事可以对我们有所启发。在第一次世界大战中，这个团在威特利斯上校的带领下没有牺牲一个人。军官与士兵们的默契配合使这种空前绝后的奇迹成为可能。这个事例见证了选择力量的伟大。请永远记住，人类拥有的最伟大的力量就是选择的力量。

世界上到处都是满怀失望的人们，只要稍微有点勇气的人就可以比较轻松地获得成功。

现实生活中，平凡者是大多数。究竟能否取得成功有时仅取决于自己的想法，成功者经常运用最积极的方式去思考，让自己的人生受最乐观的精神和最辉煌的经验来支配。失败者则恰恰相反，过去的种种失败和疑虑影响并支配了他们的行动和人生。在困难面前，成功者仍然抱以积极的想法，用“一定会有办法、一定能解决问题”等积极的意识来鼓励自己，于是不断地想办法，不断前进，直至成功。遇到困难，失败者往往被消极的思想所控制，想着“我不行了，我还是退缩吧”，最终陷入失败的深渊。

这就是选择的力量。虽然我们控制不了环境，但我们可以控制自己的思想。那么，为什么你不选择积极的想法、摒弃消极的思想呢？

第六章　选择你的幸福

选择成就人生的幸福

每个人都在寻找幸福，而真正得到它的人却寥寥无几。人们常常以为，在财富和人际交往中能够找到幸福，实际上他并没有真正理解幸福的真谛，幸福并不是得到什么，而是心灵在感受到自我价值时所处的一种状态。那些每天带着期望去生活的人，那些在生活中感到快乐和满足的人，可以说，都是获得幸福的人。幸福并不需要创造，它是自然产生的。不幸才是由我们内心的恐惧、焦虑、紧张造成的。多数人只是在特定的情景下才感觉到片刻幸福，而事情过后，他们又重新回到日常状态中。

那些让外界环境来掌控自己情绪的人，永远不会打开幸福的大门。你希望自己幸福吗？这其实完全依靠你自己的选择，选择对了，你会因为自己所做的一切而感到幸福。生活中发生的各种不幸，也并不会妨碍你去选择幸福。你的生命还在，你还可以看手中的这本书，从中汲取养料，生活中还有很多让你幸福的事。即使你暂时还无法做到其他复杂的事情，但至少你还拥有把握幸福的能力。

要相信自己，你能做到任何事情，你是独一无二的，你必然会有非凡的成就。在你内心深处的某个地方，你在热烈地渴望成功，而且，你具备了获得成功的能力。从今天起，你要做的，就是先改变自己的人生观，改变对自我的认识。

因此，我们每天都要憧憬幸福，让自己的生活拥有目标，拥有一个个巅峰；要保持内心的宁静，要相信自己，你能做到任何事、成为任何人。事实上，只要你意识到你时刻都可以实现幸福，那么，实际上你就已经无时无刻不在幸福之中了。

过去的事情就让它过去，我们要把握的是今天、明天，我们需要的是未来的幸福。你的态度决定了你的幸福，如果你消极悲观，处处不满，整天唉声叹气，那么幸福的大门便永远不会向你敞开。

要相信自己终究会得到幸福，重要的是要有这种信心，有了信心，也就有了幸福。抛开你过去对生活的厌恶观点，鼓励自己继续向前，去拥抱原本就属于你的幸福，去做希望和成功的忠实信徒。做到这一切只需要你鼓足勇气，而这种勇气就在你心里，唤醒它，抓住它，你就会拥有更美好的生活。

不要自己画地为牢、作茧自缚，要将你的内心敞开，让新鲜的空气流入，不要在那肮脏单调的消极心境里坐等生命的流逝。如果一个人对自己所做的事情感觉不到丝毫乐趣和意义，那么他是不可能产生幸福的感觉的。要记住，首先是选择，有了选择就有了幸福的可能，选择是动力、是轮船，会把你带到想去的地方。

生活不是日复一日的重复，你今天所做的可以和昨天完全不同，你永远有用不完的机会。幸福首先要寻找机会、把握机会。如果你觉得现在的一切并不能给你带来成就感，并不能让你满意，那为什么不选择去改变它呢？去寻找你认为有目的、有意义的事，然后就去全身心地投入吧，在这点上不必吝惜时间，因为它会将幸福带给你。逼迫自己去面对选择、接受选择，幸福就在你的掌握之中。

世界上最幸福的人，是那些克服了艰难险阻、忍受了长期煎熬，但仍然继续斗争、坚持不懈的人。没有经历苦难波折，没有经历生死搏斗，幸福就不可能来到你身边。

想一想自己过去曾走过的路程，自己克服的那些阻碍，想想自己在挫折和奋斗中的教训和经历。想一想自己最幸福的时刻，难道不正是由于坚持不懈，终于攻克重重难关的时刻吗？不是自己开始还心存疑虑，最终却出色地完成了一项任务的时刻吗？或者，是自己咬牙挺过的那原以为不可能结束的苦难的时刻吗？

在生活中我们随时随地都会遭遇各种挑战。我们越是能够将不利变成机遇，就越有可能过上幸福生活。如果你这样想：所有机会来临的时刻都是你的节日，你的生活将变成一场没有间歇的盛大庆典。没有什么能够约束你思考、行动的自由，没有什么能限制你发展自己的能力。你完全可以去享受生活的种种乐趣，你唯一要做的就是为自己创造获得幸福的机会。

是选择成就了人生的幸福!

幸福可以长存

在意识到自己拥有了最伟大的选择的力量之后，几乎每一个人都会感到自己现在的生活比过去要快乐得多。很多人都在拥有了这一点点幸福的感觉以后，就牢牢地抓住这一点儿幸福不撒手。但也有些人，当他发现自己拥有了幸福快乐的感觉以后就惊奇万分，总是怀疑是不是有什么地方出了问题，同时也怀疑这种感觉是否能长久地维持下去，这样的人是不会得到幸福的。

百老汇曾上演过这样一出戏：戏中的女主角刚刚度完蜜月回来，她说道，她感觉自己太幸福了，以至于“她想幸福得死掉”。请你想象一下，她不懈地在追求幸福，当她终于获得幸福的时候，却“想幸福得死掉”。对选择力量的滥用是多么可怕和让人担忧呀！那么，我们觉得自己亲眼所见到的幸福少得可怜，还有什么可大惊小怪的呢？很多人对幸福的感觉产生了强烈的恐惧感，以至于他们根本无法把握住幸福，甚至刚刚获得幸福便失去了它。

有一个年轻人向我们讲述了他的不幸经历："我曾和一位年轻姑娘谈恋爱。我们彼此颇有好感。我们决定订婚。订婚时我们觉得非常幸福，于是我们决定将这种幸福推上顶点，我们结婚了。我们商量着买下了一套虽小但很漂亮的公寓房子，所有的朋友都嫉妒我们的房子。我和妻子都出去工作。我们有一辆车。我们在银行里存了一点钱。我们确实像生活在人间天堂一样。但是，朋友们似乎都觉得这种生活不会长久，他们会对我说：'有位朋友在刚结婚的那几个月是多么幸福！再看看现在，他们却有了那么多的烦恼。看看另外一家，他们一度也曾很快乐，但那是结婚的头几个月。你再看看现在，他们却生活在一片烦闷之中！'这样的话我听得太多了，以至于我觉得他们过的是一种正常生活，而我和妻子的生活却根本不正常，让我觉得我们这种人间天堂般的婚姻生活就像一只气球一样，随时都会破裂。我每次和一个持'这种生活太美好了，所以不能持久'观点的人聊过之后，回家我都会向妻子讲些类似的话：'亲爱的，我们生活得是不是太过于幸福了？这种日子大概长不了。我们简直就像生活在天堂里一样。这么美好的生活可能不会持续太久。'没过多久，这样或那样的事情就开始发生了。我和妻子都失去了工作。我们不得不卖掉我们的车，不得不放弃那套漂亮的小公寓。我们不得不和我母亲住在一起。而最糟糕的是，我妻子自己也成了母亲。"

他愤愤不平地说："假如每次你刚把形势扭转过来，就会发生点什么事情把刚刚好转的一切又毁掉，那么，活着还有什么意义呢？”他想，如果这就是生活的话，他现在就可以结束它。

《人生的游戏和游戏规则》和《你的话就是你的魔杖》这两本书的作者在著作中论述了一个道理：没有任何东西会因为过于完美而不能长存。

如果你能正确地运用自己的选择能力，世界上就不会有任何事情能够毁掉你的生活。如果你能运用自己的潜力，相信美好的事物一定会长存不衰，那么生活中一切美好的东西就会更加美好，甚至比你想象中的还要好。虽然这听起来很难想象，但却是真实可靠的。这就是让事情向良好方向发展的秘密。所以，当事情没有遇到任何阻挠坎坷，发展得异常顺利之时，你也要坚信这一切都是正常的。

在我们有限的生命中，星星不会撞到月亮，月亮也不会撞到太阳，太阳更不会撞上地球。既然高速运行的天体都不会发生混乱，那我们的生活为什么不能一帆风顺？我们又为什么要对生活中必定会产生不协调因素的观念深信不疑呢？只要能合理运用选择的力量，我们就应该相信我们的生活会变得一帆风顺且不会有任何摩擦。

只要你能合理运用选择的力量，你的生活就会越变越好，且美好得出乎你的想象。

有人曾经说过这样的话：“人间天堂其实就在我们的生活里，关键是很多人根本意识不到它的存在。”无论你身处何地，你的身边都会有这样的人，他们本来生活得挺美好的，后来却不幸遇到了麻烦，并且一直被麻烦所困扰。这就是他们没有充分运用选择的力量的结果，他们不相信幸福可以长存，于是就真的遇到了麻烦。

因此，无论何时何地，都要相信这一点：幸福是可以长存的！

选择自己的幸福

幸福通常会诞生于你的某次选择中。

你也许会觉得这种观点很奇怪，人怎么能选择自己的幸福呢？但事实确实如此。美国第十六任总统亚伯拉罕·林肯曾经说过："我从来都认为：如果一个人决心想获得某种幸福，那么他就能得到这种幸福。"

有一对年轻夫妇，他们住在美国南部的一个小城市里，一对年老夫妇是他们的邻居。这对老夫妇中的妻子眼睛几乎失明，并且瘫痪在轮椅上，丈夫身体也不是很好，他整天待在屋子里照料自己的妻子。

一年一度的圣诞节快要到了，这对年轻夫妇决定将一棵装饰好的圣诞树送给这两位老人。他们买了一棵小树，将它装饰好，把一些小礼物挂在圣诞树上，在圣诞前夜把它送过去了。老妇人感激地注视着圣诞树上闪烁的小灯，激动地哭了起来。她的丈夫也一再说："我们已经有许多年没有欣赏圣诞树了。"在以后的日子里，只要他们拜访这两位老人时，两位老人都会提起那棵圣诞树，对于这对年轻夫妇来讲，也许他们只是做了一件很小的事情，但他们给他人带来了幸福，并且自己也从中获得了幸福。这样的幸福既是一种深厚的情感，也是一种美好的回忆。

对于我们每个人来讲，你的生活可能是幸福的，也可能是不幸福的。因为你有权选择其中的任何一种。而决定你选择的因素只有一点——你是持有积极心态还是消极心态。只要你控制好了这个因素，你就可以控制你的幸福状态。因此，拿出你的勇气，选择你自己的幸福生活吧。